LE CONDUCTEUR

DE

MACHINES A BATTRE

A MANÉGE OU A VAPEUR

GUIDE

à l'usage

DES PROPRIÉTAIRES, FERMIERS, CHAUFFEURS, ENGRENEURS, ETC.

PAR

A. DAMEY

INGÉNIEUR-MÉCANICIEN, CONSTRUCTEUR

PARIS

LIBRAIRIE AGRICOLE DE LA MAISON RUSTIQUE

26, RUE JACOB, 26

ET CHEZ L'AUTEUR, A DOLE (JURA)

1862

LE CONDUCTEUR

DE

MACHINES A BATTRE

A MANÉGE OU A VAPEUR

PARIS. — IMP. SIMON RAÇON ET COMP., RUE D'ERFURTH, 1

LE CONDUCTEUR

DE

MACHINES A BATTRE

A MANÉGE OU A VAPEUR

GUIDE

A L'USAGE

DES PROPRIÉTAIRES, FERMIERS, CHAUFFEURS,
ENGRENEURS, ETC., ETC.

PAR

A. DAMEY

INGÉNIEUR-MÉCANICIEN, CONSTRUCTEUR

PARIS

LIBRAIRIE AGRICOLE DE LA MAISON RUSTIQUE

26, RUE JACOB

ET CHEZ L'AUTEUR, A DOLE (JURA)

1862

AVANT-PROPOS

On remarquera dans ce qui va suivre que je ne cher-
che pas à servir mes intérêts particuliers, puisque j'ai
évité toute espèce de critique sur les travaux de mes confrères.

A ceux qui pourraient supposer le contraire, je dirai
que jusqu'à ce jour je n'ai pu suffire aux demandes considérables qui me sont faites chaque année. J'en appelle
à mes nombreux clients, ils le savent tous.

D'ailleurs, la France comprend aujourd'hui trente-
sept mille neuf cent vingt-six communes. Si on admet

1

qu'il faille en moyenne cinq batteuses par commune, ou environ cent quatre-vingt-dix mille batteuses, et que l'on considère qu'il n'existe encore que quinze mille batteuses, il en reste donc environ cent soixante-quinze mille à faire.

De plus, une partie de ce qui se fabrique en France est envoyée dans les autres contrées de l'Europe, ainsi qu'en Algérie et en Amérique.

Les constructeurs français peuvent donc fabriquer de dix à douze mille batteuses par an, sans crainte de voir tarir cette source de travail.

Eh bien! pourquoi chercherais-je à m'attirer une clientèle plus grande, puisque j'ai assez à faire? N'y a-t-il pas de l'ouvrage pour tous les constructeurs? Ne faudra-t-il pas renouveler ce matériel immense après un certain nombre d'années?

Il est donc visible qu'en écrivant ce livre *j'ai voulu servir purement et simplement les intérêts des agriculteurs*, en leur soumettant des observations et des conseils tirés d'une longue expérience sur les machines à vapeur et les machines à battre.

Un agriculteur achète une batteuse; mais, ne connaissant rien au mécanisme, il exagère dans son imagination le mérite de sa machine; puis, lorsqu'il en fait l'essai, il tombe dans des déceptions successives, conséquence de son exagération. Ce fait n'arrive pas chaque fois, mais il se rencontre surtout quand l'agriculteur ne s'est pas bien rendu compte préalablement de ce qu'il est possible d'espérer de l'instrument.

Il arrive aussi quelquefois que des machines sont mal tenues, mal nettoyées, mal graissées, et que la négligence où même *l'ignorance complète sur la conduite des machines* est cause d'accidents, tels que la trop grande fatigue des animaux au manége, les coussinets grippés, la chaudière à vapeur brûlée, etc., etc.

D'autres fois encore, des agriculteurs, par économie dans le prix d'achat, recherchent, sans se rendre compte, les instruments mal exécutés ou achètent des contre-façons.

L'expérience fait découvrir une infinité d'inconvénients de ce genre que beaucoup d'agriculteurs apprennent à connaître à leurs dépens, mais trop tard.

C'est pour y obvier que je me suis proposé d'écrire pour les agriculteurs ce petit ouvrage, espérant *guider pratiquement* ceux qui n'ont pas quelques connaissances dans l'usage des machines.

J'y expose très-sommairement mes idées, car l'homme qui dirige une exploitation, de même que celui qui travaille manuellement, n'a que fort peu de temps à consacrer à l'étude.

D'ailleurs les connaissances théoriques et pratiques indispensables à tout bon constructeur sont trop étendues pour que j'aie songé à les renfermer dans un traité fait seulement en vue de guider les cultivateurs et non pas de leur apprendre l'art et la mécanique. J'ai par conséquent regardé comme superflue pour le but que je me suis proposé toute indication se rattachant à la construction des machines, et je me suis borné à traiter d'une manière aussi restreinte que possible, mais à peu près complète, la question pratique du choix, de l'emploi des machines et des soins à leur donner.

Il ne faudra donc pas chercher autre chose dans un aussi petit volume. J'aurais craint de manquer mon but, si j'avais fait un traité complet, parce que pour la plupart des agriculteurs praticiens ce livre eût été trop volumineux et leur aurait demandé une trop longue étude.

Néanmoins, si quelques lecteurs désirent acquérir les connaissances préliminaires indispensables à tout mécanicien-constructeur, je les renverrai aux excellents ouvrages de MM. Laboulaye (cinématique), Julien et Bataille, Armengaud et Amouroux, Jariez, Grouvelle, etc., et surtout aux Leçons de mécanique pratique du général Morin, et au Traité des machines à vapeur de M. J. Gaudry[1].

J'abandonne ce petit essai à la bienveillance des lecteurs, les priant de vouloir bien tolérer ses imperfections.

[1] Librairie Lacroix, quai Malaquais, 15, à Paris

LE CONDUCTEUR

DE

MACHINES A BATTRE

A MANÉGE OU A VAPEUR

PREMIÈRE PARTIE

NÉCESSITÉ DES MACHINES A BATTRE.

1. — Les machines à battre les grains ne se sont multipliées que depuis peu d'années, à mesure que leur emploi est devenu indispensable par suite de l'insuffisance des bras.

Il est à remarquer que la rareté des travailleurs dans les campagnes se fait sentir chaque jour de plus en plus. On doit attribuer cela à une foule de causes; les principales sont, à mon avis :

1° La construction des chemins de fer, qui a employé et emploie encore une masse d'ouvriers terrassiers;

2° La facilité des communications actuelles avec les grands centres, qui y a amené un surcroît considérable d'agglomération au détriment des campagnes;

3° La colonisation de l'Algérie et de l'Amérique;

4° Le partage des communaux, à la suite de 1848, qui a eu pour bienfait de donner une petite aisance à beaucoup de manœuvres qui sont devenus par le fait petits fermiers;

5° Les épidémies de 1849 et 1854;

6° Le grand nombre de bras employés au service actif des chemins de fer;

7° Le développement croissant de l'industrie générale.

Voilà des causes principales auxquelles on pourrait encore en ajouter d'autres d'un ordre secondaire.

En somme, tout cela explique bien l'insuffisance des bras dans les campagnes.

Cette insuffisance s'est produite dans les pays étrangers comme chez nous, et même l'Angleterre en a ressenti la conséquence avant nous.

Les fermiers, les propriétaires, ne doivent plus espérer de voir revenir dans les campagnes les nombreux manœuvres d'autrefois, et ils doivent aujourd'hui imiter les fermiers anglais, en cherchant un remède à cet état de choses dans l'emploi des machines agricoles.

2. — Si le fermier est intelligent, s'il veut se donner la peine d'étudier les instruments nouveaux, de manière à *bien fixer son choix* pour l'achat qu'il doit en faire, et, une fois qu'il les possède, les entretenir (graisser, nettoyer, etc.) de manière à en obtenir toujours un bon service, il aura alors des agents plus assurés, plus fidèles, plus lucratifs, que les domestiques inconstants de nos jours.

Les machines ne remplaceront pas les domestiques, mais elles pourront permettre d'en diminuer le nombre.

3. — Le travail le plus pénible dans la culture, occupant beaucoup de bras, rebutant le plus les manœuvres, est, sans contredit, le battage au rouleau, au fléau, le secouage de la paille, le vannage des grains, le déplacement des gerbes, etc. Pénétré de cette idée depuis plus de vingt ans, je l'ai étudiée mûrement un peu plus tard, et je l'ai mise à exécution en construisant les *premières* machines à battre, *locomobiles à manége*, qui aient existé.

DIVERS PRIX DE REVIENT.

4. — Les batteuses mobiles ont le grand avantage de se placer toujours à proximité des gerbes et d'économiser par là des frais de déplacement onéreux, non-seulement à cause de la manœuvre que cela nécessite, mais encore à cause du grain perdu dans le transport des gerbes. Ces frais et pertes deviennent très-considérables, lorsque le cultivateur est obligé de transporter ses gerbes à une batteuse fixe dans une usine ou une ferme de son voisinage. Il faut, dans ce cas, qu'il se procure au dehors et à grand prix un personnel considérable qu'il n'a pas chez lui.

5. — On ne se rend pas toujours compte de ce que coûte le

déplacement des gerbes. En diverses circonstances, je l'ai évalué approximativement.

Qu'il s'agisse de rentrer à la ferme une meule de 1,000 gerbes de 10 kilogrammes, située à deux kilomètres,

Il faudra une journée de quatre hommes pour charger et décharger, à 2 francs par jour (en comprenant leur nourriture). 8 fr.

Deux chevaux, à 2 francs. 4

Perte du grain en voyage et dans le maniement des gerbes, je ne crois pas exagérer en l'estimant à la valeur de 15 gerbes sur 1,000 gerbes 3
                                          ———
                           Total. . . . . 15 fr.

Dans ces conditions, le simple déplacement d'une récolte de 30,000 gerbes coûterait donc 450 francs.

6. — Qu'il s'agisse d'une récolte de 30,000 gerbes à passer dans une batteuse fixe, placée à une distance seulement de deux à trois kilomètres de l'hébergeage contenant les gerbes.

Dans ce cas, il y aura double manœuvre et transport par suite du retour de la paille et du grain. La perte du grain n'ayant pas lieu au retour, on aurait seulement 27 francs de dépenses par 1,000 gerbes; soit 810 francs pour toute la récolte.

7. — Supposons maintenant que la machine fixe appartient à un propriétaire d'usine hydraulique ou à vapeur qui la loue par spéculation à raison du 5 pour % des gerbes (prélèvement d'usage). La gerbe de blé de 10 kil. doit rendre en année moyenne 3 kil. 1/2 de grain qui valent en moyenne[1]. 1 fr. 05 c.

La paille de cette gerbe, 6 kil. 1/2, à 27 francs
les 500 kil. 0   35
——————————
Valeur moyenne d'une gerbe de blé de 10 kil. . 1 fr. 40 c.

Donc, le 5 pour % de gerbes ferait 7 francs; mais, pour échapper à toute supposition d'exagération et pour faire la part de la moins value de l'orge, l'avoine, etc., je réduirai à 5 francs la valeur du 5 pour % de gerbes.

En admettant que le battage se fasse par une machine battant en bout, force de 4 chevaux-vapeur complète, c'est-à-dire secouant la paille, vannant le grain, etc., on pourra compter sur une moyenne de 20,000 kil. de gerbes, ou 2,000 gerbes de 10 kil. en dix heures, ce qui produirait au possesseur de la machine à battre un bénéfice brut de 1,500 francs pour les 30,000 gerbes.

Pour passer à ladite machine fixe 20,000 kil. de gerbes par jour, il faudra que le fermier fournisse, pour le service, huit hommes à 2 francs par jour.

Dépense pour les 15 jours de battage, ci : 240 fr.

En résumant les dépenses, on trouve donc :

1° Transport des gerbes à la machine; retour
de la paille et du grain. . . . . 810 fr.

---

[1] Dans les calculs qui vont suivre, j'ai supposé cette proportion de 35 pour 100 de blé contenu dans les gerbes; c'est la moyenne.

Report. . . .   810

2° Prélèvement à 5 pour % de gerbes. . . . 1,500

3° Huit hommes de service à la machine. . .   240

Dépense totale pour battre 30,000 gerbes ou 1,400 hect. de grain à une machine fixe, nettoyante, dont on n'a pas la propriété. . . . . . 2,550 fr.

Les frais par hectolitre de grain vanné seraient donc de 1 fr. 82 c.

8. — Si le fermier dont je m'occupe se sert d'une forte batteuse *mobile nettoyante* et à vapeur appartenant à un entrepreneur de battage, il économisera les 810 francs de transport; la dépense totale sera réduite à 1,680 francs, et les frais par hectolitre vanné seront de 1 fr. 20 c.

Si, encore, il se sert d'une batteuse également mobile et forte, *mais ne nettoyant pas*, il est alors obligé d'employer dix-huit personnes pour desservir (secouer, vanner, etc.); en sorte que les frais de manœuvre peuvent s'élever au moins à 540 francs au lieu de 240 francs; ce qui ferait une dépense totale de 1,980 fr., ou 1 fr. 41 c. par hectolitre vanné.

CHOIX DES MACHINES A BATTRE AU POINT DE VUE DES PRIX

DE REVIENT DU BATTAGE.

9. — Je suis loin de critiquer la location des machines à vapeur, surtout celles mobiles; car les personnes qui les louent par spéculation rendent, peut-être sans s'en douter, un bien grand service à l'agriculture. J'en ai acquis la preuve, par une longue expérience, dans le Jura et la Bresse, où les machines à battre locomobiles ont pris naissance.

En effet, les machines mobiles, battant pour le public, ont fait disparaître le battage au fléau, et plus tard le plus grand nombre des cultivateurs, après avoir loué plusieurs années les machines mobiles à vapeur, ont pensé que leur véritable intérêt n'était pas de payer un tribut si cher; ils ont compris qu'ils devaient *tous avoir leur machine à manége*, d'une force et d'un prix en rapport avec l'importance de leur culture.

10. — *La meilleure machine à battre pour le cultivateur est tout simplement celle qui rend l'hectolitre de grain vanné à meilleur marché.*

Pour l'entrepreneur de battage, c'est la machine qui fait le *plus de travail fini dans un temps donné.*

Toutefois, je dirai à ce dernier : « Ne prenez pas les batteuses à vapeur, si vous êtes dans un pays de petite culture, car vous aurez des frais de déplacement trop fréquents qui pourraient presque absorber le bénéfice. »

On pourrait croire que, dans le grand nombre des systèmes divers, on peut désigner du doigt la meilleure batteuse et dire : « C'est celle-là. » Ce n'est pas tout à fait aussi facile. Aujourd'hui, il y a tant de systèmes et de fabricants nouveaux que les cultivateurs instruits doivent être embarrassés du choix.

S'il faut *que chaque exploitation, petite ou grande, ait sa batteuse,* il faut aussi que cette batteuse soit d'un degré de complication, d'un prix, d'une force, d'un système, etc., bien appropriés à ses véritables besoins.

Le cultivateur intelligent le comprend, et c'est en se rendant un compte exact par des calculs de la machine qui lui serait la plus avantageuse qu'il doit fixer son choix. Je vais indiquer par quelques exemples la manière de faire ces calculs.

Prix de revient du battage par une petite batteuse à manége.

11. — Supposons, par exemple, un cultivateur qui, n'ayant qu'une petite propriété, n'aurait à son service que peu de bêtes de trait et peu de domestiques, et posséderait une forte batteuse à manége; il serait obligé, pour s'en servir, de louer des attelages et des manœuvres; il aurait, en outre, à supporter les intérêts et l'amortissement d'un capital inutilement trop élevé.

Il doit donc prendre une petite batteuse, qu'il fera mouvoir soit avec un bon cheval ou deux chevaux, soit avec deux bœufs ou deux vaches. Le père de famille occupe ainsi ses enfants à secouer la paille qui sort de la machine.

S'il a hébergé ses gerbes, il peut battre, quand le temps le lui permet, presque à temps perdu, avec ses seules ressources; deux ou trois heures par jour seulement, s'il n'est pas pressé de vendre.

Cela lui procure, pendant quelque temps, des balles et menues pailles fraîches pour son bétail.

Si le petit cultivateur en question n'a pas chez lui une famille ou un personnel suffisant pour secouer la paille, il devra prendre une petite batteuse un peu plus chère qui lui secouera sa paille et vannera son grain.

En agissant ainsi, il n'aura jamais recours ni à la location des machines ni aux bras étrangers à sa maison. Voyons ce que devient dans ces conditions le prix de revient par hectolitre.

Le prix de la machine et du manége avec ses agrès se-rait d'environ 600 fr. Intérêts à 5 pour %. . . . . . .   30 fr.

Le petit cultivateur récoltant environ 4,000 gerbes de 10 kil., soit 187 hect., pourrait battre cette récolte environ en sept jours, avec deux animaux au manége.

Son attelage et sa famille seraient ainsi utilisés en automne ou en hiver, à temps perdu, au moment où l'on ne peut rien faire dans les champs. Néanmoins, je compterai 1 fr. par tête de bétail, comme excédant de nourriture. Soit pour les sept jours.   14

Le personnel de la famille, étant dans ce cas occupé à temps perdu, ne doit pas être compté.

Des batteuses mobiles et fixes que j'ai construites, il y a quatorze ans, ayant battu plus de 900,000 gerbes [1], existent et fonctionnent encore à satisfaction. Mais, en admettant même que ces machines soient compléte-ment usées, et en comparant le travail qu'elles ont fait au travail opéré par celle qui nous occupe, on trou-verait que la machine ne battant que 4,000 gerbes par

A reporter. . . . .   44 fr.

____

[1] Je me charge de prouver ce fait, réalisé par plusieurs de mes bat-teuses

Report. . . . . . . 44 fr.

an durerait plus de deux siècles, abstraction faite des détériorations qui seraient le résultat du temps, et les conditions de solidité étant d'ailleurs égales.

Mais je serai plus large, j'admettrai que le bâtis en bois de cette batteuse ne puisse durer que trente ans, l'amortissement par année sera de. 20

Un litre d'huile d'olive bonne qualité pour graisser pendant les sept jours de marche. 3

Entretien et imprévu. 4

Total pour les 187 hectolitres. . . . . 71 fr.

ou 0 fr. 33 c. par hectolitre.

Voilà pour le petit cultivateur, et les trois quarts des cultivateurs en France sont dans cette catégorie.

12. — Mais une machine de 600 francs peut fort bien suffire pour une récolte de 700 hectolitres ou 15,000 gerbes de 10 kil., et même davantage. Les frais d'intérêt et d'amortissement étant les mêmes, on trouve pour ce dernier cas :

1° Intérêts. . . . . 30 fr.

2° Amortissement. 20

3° Excédant de nourriture du bétail pour trente jours. 60

4° Huile. 12

5° Entretien et imprévu. 20

Dépense totale pour 700 hectolitres. . . . . 142 fr.

ou 0 fr. 20 c. par hectolitre.

Avantages des batteuses locomobiles à manége.

13. — Dans le commerce qui se fait entre les cultivateurs comme entre les négociants, c'est toujours le plus adroit, le plus laborieux qui retire le profit, tandis que les pertes restent à l'insouciant ou au paresseux. Les premiers savent toujours bien compter; esprits avancés et éclairés, ils vont au-devant du progrès et l'adoptent avec empressement chaque fois qu'ils voient un bénéfice certain.

Ce livre s'adresse à eux; qu'ils le lisent attentivement, ils verront que je n'exagère pas, et je suis certain qu'ils comprendront la nécessité des batteuses.

A ces cultivateurs intelligents qui ne craignent pas leurs peines pour gagner, s'ils sont dans un pays à grains où les batteuses sont peu connues ou manquent encore, je dirai :

« Prenez une forte batteuse mobile à manége; *vous avez à choisir; il ne manque pas de bons constructeurs de batteuses en France; plusieurs ont fait leurs preuves.*

« Si vous trouvez la dépense trop forte pour vous seul, adjoignez-vous un associé, un parent.

« Avec cette forte machine non-seulement vous battrez votre récolte, mais encore vous la louerez aux voisins avec juste rétribution. Je ne vous dis pas qu'ils en feront usage bien des années, car ils finiront par voir vos bénéfices et voudront en acheter aussi; mais vous profiterez de la location, au moins deux ou trois ans de suite, et dès la première année vous gagnerez déjà au delà de vos déboursés.

« Donc, à la fin de cette première année, vous serez possesseur d'une forte batteuse *qui ne vous aura coûté que des
soins*. En admettant même que tous vos compatriotes se
munissent aussi de batteuses l'année suivante (ce qui n'est
pas probable), vous aurez au moins pour votre usage une
machine qui ne vous aura rien coûté. »

Le prix d'achat d'une batteuse locomobile nettoyante avec
manége pour quatre attelages peut varier de 1,500 à 1,800 fr.,
selon le constructeur et le système. Ces machines peuvent
battre de 5 à 7 hectolitres à l'heure. Cette quantité varie par
une foule de motifs, tels que : le plus ou moins de richesse de
l'épi, le plus ou moins de longueur des pailles, la force des
attelages, le graissage des frottements de la machine, mais surtout l'agilité de l'engreneur, etc.

Si le possesseur de la machine fournit les attelages et l'engreneur, il peut demander le 5 pour %; c'est ce qui s'accorde
partout sans difficultés. Prenons le plus bas chiffre de rendement, ce sera 50 hectolitres par jour de dix heures; le 5 pour % de
50 hectolitres est 2 hect. 1/2 qui, au prix moyen de 20 francs,
font 50 francs de bénéfice brut par jour. Soit 20 francs à re-
trancher pour les attelages, l'intérêt, l'huile et l'amortissement,
on aura toujours 30 francs par jour de bénéfice net. Ces sortes
de batteuses se louent ordinairement 30 francs par jour, *sans
les attelages*, mais en fournissant seulement l'engreneur chargé
des soins, et qui est toujours nourri par le fermier qui a loué la
batteuse.

Donc, il suffirait de louer la batteuse soixante jours pour
recouvrer son prix d'achat le plus grand : 1,800 francs.

Il n'est pas possible de mieux utiliser son argent, et celui qui fait cette spéculation, non-seulement économise les bras de sa propre exploitation, mais il gagne aussi une bonne batteuse et de l'argent, et il amène le progrès dans son pays; car le bon exemple est suivi, surtout quand il s'agit d'intérêts personnels.

Je n'en finirais pas d'établir des prix de revient pour chaque force et chaque système. Chacun pourra les déterminer comme moi en partant des données qui précèdent et de celles qui vont suivre.

QUANTITÉ DE BLÉ BATTU QUE CHAQUE SYSTÈME DE MACHINES A BATTRE PEUT FAIRE SELON LA FORCE MOTRICE QUE L'ON EMPLOIE.

Force des animaux attelés au manége.

14. — Selon les expériences de M. le général Morin, directeur du Conservatoire des arts et métiers, on trouve que les chevaux de force moyenne attelés au manége, allant au pas et travaillant huit heures par jour, produiraient ce travail par seconde :

Un cheval. . . . .   40 kilogrammètres[1].
Un bœuf.   39   »
Un mulet.   27   »
Un âne.   11   »

[1] Le kilogrammètre représente 1 kilogramme élevé à un mètre de hauteur dans une seconde de temps.

La force des animaux varie énormément.

Je crois donc devoir faire observer que le bœuf de force moyenne, lorsqu'il est habitué à marcher seul au manége, peut rendre 39 kilogrammètres ; mais qu'à mon avis une paire de bœufs attelés au grand joug *au manége* ne doit pas être comptée pour plus de 58 kilogrammètres environ, et une paire de vaches au grand joug pour plus de 50 kilogrammètres.

Un cheval de petite race et une vache ne peuvent guère être comptés que comme un mulet, soit 27 à 30 kilogrammètres.

Les fortes races, telles que les percherons, doivent dépasser la moyenne ; ils peuvent être comptés comme rendant de 42 à 46 kilogrammètres.

Les chevaux qui ont servi aux expériences des batteuses à l'Exposition universelle de 1855 étaient d'une race un peu au-dessus de la moyenne, ils ont rendu 44 kilogrammètres, mais pour un travail de courte durée.

Le cheval vivant, par sa force brutale, peut, *dans un moment court*, développer un travail considérable, double parfois de sa force normale.

15. — Ce que l'on appelle cheval-vapeur est une quantité de travail égale à 75 kilogrammètres.

Comme on le voit, le cheval vivant est presque moitié moins fort que la mesure dynamique que l'on est convenu d'appeler cheval-vapeur. On peut bien dire, sans crainte de se tromper, qu'il faut au manége deux chevaux vivants pour rendre en puissance l'équivalent d'un cheval-vapeur, en considérant que les chevaux vivants ont à vaincre les frottements du manége par lequel ils transmettent leur force, et que, contrairement, le travail utile d'une machine à vapeur est toujours mesuré sur son arbre ou sa poulie motrice (abstraction faite de tout frottement).

16. — Beaucoup d'auteurs ont déjà écrit sur les batteuses; la plus grande partie se sont contentés d'en faire l'histoire plus ou moins exacte; d'autres de reproduire quelques dessins avec descriptions.

Mathieu de Dombasle est, je crois, l'un des premiers, en France, qui ait écrit à ce sujet, et en même temps fait construire sa batteuse, imitée, mais perfectionnée, sur celle de l'Écossais André Meikle.

Je crois qu'il n'existe pas un seul traité spécial sur ces intéressantes machines, appelées à se multiplier en si grand nombre, et à rendre de si grands services. Il n'existe pas une formule pour déterminer le travail mécanique qui leur est nécessaire pour rendre approximativement une quantité de battage dans un temps donné.

17. — Ayant fait des expériences au dynamomètre de traction sur mes manéges mettant en mouvement mes machines à battre, j'ai reconnu que, *dans les machines à battre d'un même système, la quantité de battage est proportionnelle à la force employée.*

C'est-à-dire que, si, par exemple, un kilogrammètre de puissance disponible et constante suffit pour battre 8 kil. 3 de gerbes par heure, avec 100 kilogrammètres disponibles, on battra 100 fois plus, ou 830 kil. de gerbes.

Quand l'on connaîtra la force employée à une machine à battre, il sera facile de connaître la quantité qu'elle devra battre dans un temps donné[1] par la formule :

$$P = (F - F')\, p;$$

dans laquelle :

P = le poids exprimé en kilogrammes du blé en gerbes battu par heure.

F = la force totale produite par les animaux ou la vapeur, exprimée en kilogrammètres.

F' = la force absorbée par la mise en mouvement de la machine fonctionnant à vide, exprimée en kilogrammètres.

p = le poids du blé en gerbes battu *par chaque kilogrammètre utilisé* et par heure.

La table suivante donne les résultats obtenus au dynamomètre et *confirmés par la pratique* sur mes machines à battre.

[1] Le lecteur trouvera, pages 29 et 30, une table résumant des calculs faits.

SYSTÈMES	Valeur de F'.			Valeur de p.
	RÉSISTANCE A VIDE DES			POIDS DU BLÉ
				EN GERBES
DE BATTEUSES.	PETITES BATTEUSES en bout, avec manége de 1 à 2 chevaux.	BATTEUSES avec manége de 3 à 4 chevaux.	FORTES BATTEUSES sans manége (par vapeur).	battu par kilogrammètre utilisé et par heure.
	kilogrammètres	kilogrammètres.	kilogrammètres.	kilogrammes.
En travers, nettoyante. . .	»	38	42	5,9
En bout, nettoyante.	22	25	42	8,1
En bout, sans nettoyage. . .	14	17	26	8,3

Ces données sont basées sur mes batteuses, en travail normal, en bon état d'entretien, de graissage, et servies convenablement par un engreneur actif.

18. — Au moyen des données qui précèdent, il sera facile de calculer le poids du blé en gerbes qu'une machine peut battre quand l'on connaîtra la force que l'on veut y appliquer. Voici la règle à suivre :

Recherchez la valeur en kilogrammètres de la force motrice; retranchez-en le nombre de kilogrammètres dépensés pour faire fonctionner la batteuse à vide (deuxième, troisième et quatrième colonne); *puis multipliez la différence par la quantité de battage* (cinquième colonne).

Le résultat obtenu sera la quantité de blé en gerbes battues, exprimée en kilogrammes.

Exemple : Un cultivateur ayant un cheval et un mulet de force moyenne désire savoir la quantité de blé en gerbes qu'il battra à l'heure avec une petite batteuse sans nettoyage.

On aura :

$$(40 + 27 - 14) \times 8^k,3 = 439 \text{ kil.}$$

Les tables suivantes pourront dispenser de faire le calcul dans la plupart des cas.

Produits des batteuses mues par manéges.

NATURE DES ATTELAGES.	FORCE DES ATTELAGES en kilogrammètres.	POIDS DU BLÉ EN GERBES, BATTU PAR HEURE.		
		BATTEUSES en travers, nettoyantes.	BATTEUSES en bout, nettoyantes.	BATTEUSES en bout, sans nettoyage.
1 cheval moyen.	40		146	216
	42		162	232
1 fort cheval.	44		178	249
	47		203	274
1 cheval et 1 âne.	51		235	307
2 vaches au collier.	54		259	332
2 mulets.	57		283	357
1 paire de bœufs au joug.	60		308	382
2 mulets et un âne.	65		348	423
2 bœufs au collier.	75		429	506
2 chevaux.	80		470	548
3 mulets bien ordinaires.	85		510	589
2 forts chevaux.	90		551	631
2 chevaux et 1 âne.	95		591	672
2 paires de vaches au grand joug.	100		632	714
2 chevaux et 1 mulet.	105	595	648	730
4 mulets.	110	425	689	772
2 paires de bœufs.	115	434	729	813
3 chevaux.	120	484	770	855
3 forts chevaux.	130	543	850	938
2 paires de bœufs et 1 vache.	140	602	952	1,021
3 paires de vaches et 4 bœufs au collier.	150	661	1,013	1,104
4 chevaux.	160	720	1,094	1,187
4 forts chevaux.	170	779	1,175	1,270
3 paires de bœufs.	180	858	1,256	1,353
2 paires de bœufs et 2 bœufs au collier.	190	897	1,336	1,436
3 paires de bœufs et 1 vache.	200	956	1,418	1,519
A 3 paires de bœuf et 1 paire de vaches.	220	A 1,050	1,442	1,610
B 4 paires de bœufs.	230	B 1,109	1,523	1,693

Nota. — On pourra employer les grandes batteuses destinées aux machines à vapeur pour les attelages *A* et *B*.

Produits des batteuses mues par vapeur ou par moteur hydraulique.

FORCE EXPRIMÉE en KILOGRAMMÈTRES.	FORCE EXPRIMÉE en CHEVAUX-VAPEUR.	POIDS DU BLÉ EN GERBES, BATTU PAR HEURE.		
		BATTEUSES en travers, nettoyantes.	BATTEUSES en bout, nettoyantes.	BATTEUSES en bout, sans nettoyage.
225	5	1,080	1,482	1,652
230	»	1,109	1,523	1,695
235	»	1,139	1,563	1,735
240	»	1,168	1,604	1,776
245	»	1,198	1,644	1,818
250	»	1,227	1,685	1,859
255	»	1,257	1,725	1,901
260	»	1,286	1,766	1,942
270	»	1,345	1,847	2,025
280	»	1,404	1,928	2,108
290	»	1,463	2,009	2,191
300	4	1,522	2,090	2,274
310	»	1,581	2,170	2,357
320	»	1,640	2,252	2,440
330	»	1,699	2,333	2,523
340	»	1,758	2,414	2,606
350	»	1,817	2,495	2,689
360	»	1,876	2,576	2,772
370	»	1,935	2,657	2,855
375	5	1,965	2,697	2,897
380	»	1,994	2,738	2,938
390	»	2,053	2,819	3,021
400	»	2,112	2,900	3,104
410	»	2,171	2,981	3,187
420	»	2,230	3,062	3,270
430	»	2,289	3,143	3,353
440	»	2,348	3,224	3,436
450	6	2,407	3,305	3,519
525	7	2,850	3,912	4,142
600	8	3,298	4,520	4,764

Il est parfois facile de dépasser les chiffres de rendement indiqués à la table ci-dessus ; il suffit pour cela d'avoir des animaux de première force, ou, en cas contraire, de les stimuler ou exciter pour obtenir d'eux un travail au-dessus de celui habituel.

Quelquefois les blés très-faciles à battre, tels que par exemple ceux du Nord, qui sont restés longtemps en meules, permettent d'éloigner le batteur du contre-batteur, et, par suite, la résistance étant moins grande, il est possible d'obtenir un rendement plus grand que celui qu'on obtiendra par le calcul.

Contrairement, avec les blés humides et difficiles à battre, on pourrait bien, dans certains cas, ne pas atteindre les chiffres obtenus par le calcul[1].

En sorte que les chiffres de rendement indiqués par cette table peuvent varier en plus ou en moins selon l'état des récoltes à battre ou autres circonstances. On peut donc les considérer comme une moyenne approximative, puisqu'il n'est pas possible d'assigner à une batteuse un chiffre invariable de rendement ; j'ai déjà démontré comment on établit les prix de revient de battage. (Voir n°s 5, 6, 7, 8, 11 et 12.) Chacun pourra donc établir son prix de revient, connaissant approximativement par la table qui précède le poids de blé en gerbes que chaque machine doit battre.

Le prix de revient de l'hectolitre de blé battu et vanné, calculé par l'agriculteur même et selon les données qui précèdent,

____

[1] Le blé en gerbes pèse plus ou moins, suivant la richesse des épis. relativement au volume de la paille.

sera plus juste que celui que je pourrais établir ici, par la raison que le prix de journées des ouvriers employés à la machine ainsi que la valeur de la nourriture des animaux peuvent varier suivant les localités.

J'engage donc les agriculteurs à établir eux-mêmes leurs prix de revient de battage, afin d'arrêter leur choix d'une manière sérieuse et éclairée.

INSTRUCTION SUR LE SERVICE DES MACHINES A BATTRE.

19. — Naturellement, le propriétaire d'une batteuse tient à ce qu'elle avance en besogne; mais, si par hasard (une fois sur cinq cent) la batteuse ne débite pas assez, à tort on accuse la machine, tandis que le plus souvent la faute provient directement de ceux qui s'en servent.

En effet, *l'agilité de l'engreneur, la force des attelages, le bon graissage et l'entretien*, etc., sont autant de causes qui, si elles n'existent pas dans leur plénitude, doivent au moins exister dans les limites du raisonnable, si on ne veut pas voir diminuer les bons effets des batteuses.

Examinons ces causes en détail.

De l'agilité de l'engreneur.

20. — Ne mettez rien dans une batteuse, assurément il n'en sortira rien; naïveté qui veut dire qu'en toutes choses pour réussir il faut travailler.

Il n'est pas difficile de bien engrener; les ouvriers intelligents et laborieux n'ont ordinairement besoin d'aucune leçon à ce sujet; ils deviennent naturellement bons engreneurs après quelques jours de pratique; mais *les travailleurs intelligents* ne se trouvent pas partout, et, comme le plus souvent on n'en a pas, on doit aviser au moyen de se servir le mieux possible de ceux que l'on a. Je dirai donc au propriétaire :

« Choisissez le jeune homme le plus laborieux et le plus ntelligent parmi les manœuvres dont vous pourrez disposer; instruisez-le du service qu'il aura à faire; puis encouragez-le en le payant non pas au mois ou à la journée, mais à tant du cent de gerbes ou d'hectolitres, de manière qu'il se fasse une très-bonne journée, gratifiez-le encore pour ses soins de graissage et nettoyage. Mais recommandez-lui la discrétion pour qu'il n'éveille pas la jalousie de vos autres ouvriers; il sera discret, si c'est un sujet rangé. »

Ce moyen a toujours satisfait tous les intérêts, et je le recommande particulièrement aux cultivateurs, propriétaires de batteuses, sujets à s'absenter, ainsi qu'aux entrepreneurs de battage.

L'engreneur doit présenter dans les batteuses en bout par portion de blé en gerbes. Chaque poignée est présentée de la main droite, les épis en avant, pendant que la main gauche prépare une autre poignée que la main droite reprend, de manière à ne laisser aucune interruption. Il faut éviter autant que possible de passer les épis à rebours.

On engrène *plus ou moins épais selon la force disponible ;* c'est précisément là le principal mérite du bon engreneur, comme on va le voir ci-après.

21. — Dans les grandes machines mues par une grande puissance, telle que la vapeur, il y a moins de précautions à prendre ; il suffit dans ce cas de fournir abondamment par quart de gerbe ou demi-gerbe à la fois ; il faut en quelque sorte *jongler* avec les gerbes. Dans les très-fortes batteuses, les gerbes ne sont pas sitôt déliées par les apprêteurs que les engreneurs les saisissent pour les lancer dans le gouffre ; mais, pour ce métier pénible, il faut deux engreneurs travaillant ensemble et deux autres pour les rechanger toutes les heures environ. Comme on le voit, il y a plus de peine que de mérite.

Dans les batteuses en travers on ne peut mettre qu'un engreneur et un apprêteur.

Les engreneurs et les apprêteurs doivent néanmoins prendre le temps d'arrêter les pierres ou autres obstacles susceptibles d'amener un accident au batteur.

22. — Dans les petites batteuses à manége, c'est l'engreneur qui règle la marche des animaux, en ayant l'œil à la fois sur ce qu'il engrène et sur la vitesse de la batteuse. Si les chevaux vont vite, il en profite pour engrener davantage ; si, au contraire, ils vont lentement, il comprend que la résistance est trop grande, et il engrène mince.

23. — L'engreneur inexpérimenté n'observe pas ce que je viens de dire et fatigue inutilement les animaux en les laissant aller trop vite. D'autres fois, il engrène trop fort et exténue de fatigue les attelages.

On ne doit pas oublier enfin que le cheval qui trotte presque sans effort, comme quand il est attelé à une voiture légère, fatigue quelquefois davantage que celui qui marche lentement, comme quand il est attelé à la charrue. Cela se comprend facilement, puisque le travail mécanique s'élève ordinairement plus haut dans le premier cas que dans le second[1].

De ce raisonnement rationnel, on peut déduire que, si l'engreneur ne fournit pas régulièrement et suffisamment des denrées à la batteuse mue par manége, les chevaux marcheront inutilement trop vite et se fatigueront plus que s'ils utilisaient toute leur force au battage.

On a vu quelquefois des propriétaires de batteuses dire aux constructeurs : « Mes chevaux vont trop vite et ne tirent pas; » d'autres : « Mes chevaux vont trop lentement et tirent trop; je désire que l'on fasse un changement pour remédier à cela. »

Dans ces cas, le défaut ne vient pas de la batteuse ni du manége, puisque, comme je viens de le démontrer, il est facultatif à l'engreneur de régler le tirage des animaux.

24. — Il ne faut pas perdre de vue que *presque tout dépend de l'engreneur;* car, s'il fait passer beaucoup de gerbes dans la machine, il faudra bien que ceux qui le servent lui livrent ces gerbes, les délient et les écartent prêtes à passer; il faudra bien aussi que la paille, le grain et la balle se débarrassent; il faudra, en un mot, que tout le monde travaille; les paresseux comme les autres seront bien obligés de suivre le mouvement.

Je ne saurais donc trop recommander aux propriétaires de batteuses d'être attentifs au choix de l'engreneur et de ne pas

---

[1] Le travail mécanique est l'effort multiplié par la vitesse du chemin parcouru dans un temps donné. Numériquement, il s'exprime en kilogrammètres ou chevaux-vapeur.

craindre de bien le rétribuer ; ils y trouveront toujours un bénéfice notable. Dans les fortes machines mues par vapeur, il est
bon d'avoir avec un chef engreneur un ou plusieurs autres inté-
ressés à battre bien et beaucoup.

25. — L'engreneur ne doit rien faire passer lorsque la batteuse commence à marcher et que le cylindre-batteur n'a pas
encore acquis sa vitesse normale ; il en est de même lorsqu'on
arrête la machine, autrement, la gerbe passée pourrait ne
pas être bien battue, parce que la machine n'aurait pas une
vitesse suffisante.

Les attelages au manége.

26. — Je crois devoir faire observer ici que les bœufs et les
vaches ont une marche lente, mais donnent un effort qui n'est
pas saccadé comme celui des chevaux. Néanmoins, à part les
secousses violentes de certains chevaux, tous vont immédiatement bien au manége.

Quelquefois les plus fougueux deviennent les meilleurs après
une heure de marche ; cependant les chevaux *trop vifs,
trop ardents*, disposés à courir, fatiguent énormément pendant
les premiers jours de marche.

Par exemple, que l'on se figure un manége mû par deux
chevaux, l'un mou, l'autre ardent ; assurément le plus vif
supportera toute la charge et n'en laissera une partie à l'autre
que lorsqu'il y sera obligé par la fatigue.

On comprend que, dans ce cas, ni le mécanicien, ni l'engreneur ne peuvent y remédier. Mais, comme je l'ai déjà dit, les chevaux vifs s'habituent rapidement à ce travail.

27. — On rencontre quelquefois des chevaux très-bons, mais ayant la mauvaise habitude de donner des secousses violentes, des chocs terribles, au moment où il faut démarrer pour la mise en mouvement de la batteuse, en d'autres termes, quand il faut vaincre l'inertie. Il arrive parfois que les chevaux arrachent leurs harnais dans ce mouvement brutal.

Pour obvier à cet inconvénient, j'ai appliqué, dès 1848, un tendeur à la courroie du cylindre-batteur ; par ce moyen, il suffit de ne pas tendre complétement la courroie motrice, au moment de la mise en marche, afin de favoriser son glissement ; puis, une fois les animaux en marche, on laisse retomber le tendeur de tout son poids sur ladite courroie.

Plus tard, j'ai imaginé et mis en pratique, depuis 1856, des ressorts de flexion placés après les engrenages du manége de manière à amortir les secousses violentes et ne rien rompre ; mais j'ai reconnu qu'ils étaient parfois insuffisants, et je suis revenu à mon idée première du tendeur de courroie.

28. — Indépendamment de l'appareil pour amortir les chocs, il en est un autre que j'emploie aussi depuis 1848, et qui existe aujourd'hui dans toutes les batteuses ; *c'est le déclic ou rochet*.

Cet appareil a pour but d'arrêter subitement les animaux et le manége, tout en laissant tourner librement le cylindre-batteur à vide sous l'impulsion acquise. (Chacun sait que le batteur est animé d'une grande vitesse.)

Si cet appareil n'existait pas, on aurait de la peine à arrêter les animaux ; ou, s'ils s'arrêtaient subitement, leurs harnais seraient arrachés par l'impulsion acquise des organes en mouvement, du cylindre-batteur, du manége, etc. Cet appareil est donc de première nécessité.

29. — On remarquera, par les quantités de rendement indiquées à la table (pages 29 et 30), que l'on trouvera toujours avantage à employer tous les attelages disponibles, c'est-à-dire que, si un cultivateur a quatre chevaux, *il les fatiguera moins et fera plus d'ouvrage*, en les mettant tous les quatre ensemble, qu'en en ayant deux en travail et deux à l'écurie pour relais.

En effet, admettons qu'on n'attelle qu'un seul cheval pour faire marcher une forte batteuse à manége, une bonne partie de sa force sera absorbée par la mise en mouvement du manége et de la batteuse à vide (le tiers de sa force pour les toutes petites batteuses) ; que l'on ajoute ensuite un autre cheval, toute la force de ce dernier sera appliquée au battage, et ainsi de suite pour un troisième et un quatrième. En outre, la batteuse débitant davantage, le personnel est mieux employé, et par suite le prix de revient du battage est infiniment moins élevé.

Je crois superflu de dire que ce raisonnement s'applique également aux attelages à bœufs.

30. — *Mode d'attelage.* — Il est facile de dresser au manége tous les chevaux au moyen du mode d'attelage que j'ai de tout temps appliqué aux manéges directs ; il a toujours pleinement satisfait.

La figure 1ʳᵉ représente un cheval attelé par mon système.
Voici comment on attelle :

Fig. 1.

Il faut mettre des licols à la tête des chevaux, et, lorsque ces
animaux sont *tout nouveaux* au manége, leur boucher les
œillères et les faire tourner une minute à la main dans le manége avant de les atteler pour la première fois. Une fois ce travail préalable terminé, on pourra les atteler avec l'assurance
qu'ils iront bien. Mais il faut toujours avoir la précaution de
passer un licol dans le trou percé à l'avant du bras d'attelage
qui fait saillie, et faire attention que les traits (chaînes de fer)
ne soient pas accrochés trop longs, afin d'éviter que le poitrail

du cheval ne touche le bois du manége, ce qui, en cas contraire, rebuterait le cheval.

Le licol doit toujours être attaché le plus court possible, afin d'empêcher le cheval de sortir de sa position dans l'attelage, surtout si on n'a pas eu soin de lui mettre une avaloire, précaution indispensable pour dompter les chevaux fougueux.

Dans les premières heures de marche, les chevaux qui n'ont jamais été au manége laissent un peu à désirer, mais tout va bien à la seconde épreuve.

Fig. 2.

La figure 2 représente un cheval rétif qui ne peut reculer, étant retenu au bras d'attelage par son licol et son avaloire.

La figure 3 représente un bras d'attelage vu en plan. Quand plusieurs chevaux sont attelés au manége par ce procédé, si l'un avance, les autres sont naturellement tirés par le licol et partent immédiatement. Si, au contraire, un des chevaux est retenu, tous s'arrêtent en même temps.

Fig. 3.

Les chevaux ne peuvent ni sortir de leurs positions ni se blesser.

Ce mode d'attelage s'applique également bien à toutes sortes d'animaux attelés au collier.

31. — Je pratique depuis 1858 un attelage pour bœufs au

grand joug ; il consiste en un timon guidé par une perche. La figure 4 le représente. Ce mode d'attelage, comme le précédent, a l'avantage de ne pas permettre le recul ni les coups de bras d'attelage dans les jarrets des animaux.

32. — Il convient de mettre de la paille sur la piste des animaux, ils ont de cette manière le pied plus ferme que sur le sol nu, qui devient presque toujours humide et glissant sans cette précaution.

La marche des bœufs et vaches étant un tiers moins rapide que celle des chevaux et mulets, il est nécessaire que la vitesse des engrenages et poulies soit calculée de manière à donner la même vitesse au cylindre-batteur, aussi bien avec des bœufs qu'avec des chevaux. Cela a toujours été prévu par les constructeurs, et tous ordonnent un changement de poulies lorsqu'il s'agit de substituer des bœufs aux chevaux[1].

Le graissage [2].

33. — Il est indispensable de graisser les frottements des machines, deux fois par chaque jour de marche, avec de l'huile

[1] Pour éviter l'ennui d'un remplacement de poulies dans mes batteuses, j'en placerai désormais deux, qui seront constamment sur l'axe du cylindre batteur. Il suffira de savoir que la courroie motrice se placera sur la petite poulie lorsqu'il y aura des bœufs au manége, et sur la grande lorsque ce seront des chevaux.

[2] On a proposé bien des sortes d'huiles, bien des modes de graissage. J'ai tout essayé, et je crois devoir dire que, pour les machines à battre, c'est l'*huile d'olive* qui convient le mieux. L'huile dite de pied de bœuf (ou plutôt huile de graisse animale) serait bonne si elle n'était le plus souvent falsifiée par le commerce et même par quelques fabricants d'huiles.

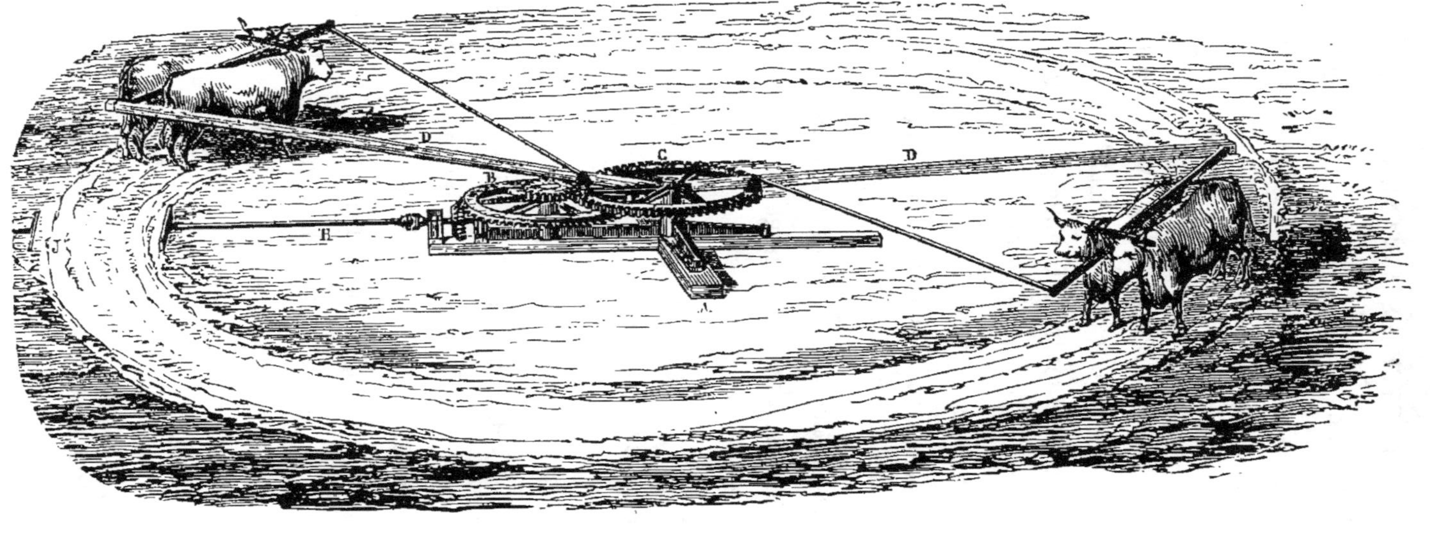

Fig. 4.

dite de pied de bœuf ou de l'huile d'olive gâtée, que l'on trouve toujours facilement et à bon marché; toutes autres huiles, de *colza*, de *noix*, etc., épurées ou non, ont l'inconvénient grave de former du cambouis dans les frottements, ce qui donne à la machine un grand tirage, qu'il faut éviter à tout prix.

34. — Toutes les machines à battre font beaucoup de poussière qui se colle dans les trous à huile et forme une crasse qui se durcit et qui empêche la pénétration de l'huile jusqu'au frottement. On doit donc, avant de graisser, s'assurer au moyen d'une petite broche de fer en forme de cuiller, si les trous à huile ne sont pas bouchés; car, dans le cas contraire, on croirait souvent les frottements graissés quand ils ne le seraient pas, et il en résulterait un grand tirage qui ferait crier après la machine et le mécanicien.

Je ne saurais donc trop recommander de graisser deux fois par jour de marche tous les trous à huile des tourillons ou frottements.

Il faut aussi, tous les quatre ou cinq jours, verser un filet d'huile sur les dents des engrenages; mais il ne faut pas se servir de graisse pour cet usage, car la graisse mêlée à la poussière se durcit vite et par suite devient nuisible.

Il est certaines personnes qui regardent à la dépense du graissage; c'est un très-mauvais calcul (un litre d'huile suffit pour six jours de marche d'une machine à battre avec son manége). Pour économiser quelques centimes d'huile, on s'expose à fatiguer les animaux, à faire moins de travail et à hâter l'usure de la machine.

Dans les grands froids, il faut chauffer un peu l'huile; sans

cela, elle se figerait dans les trous sans atteindre les frottements.

Observations diverses sur le service des batteuses.

35. — Il est indispensable de nettoyer la machine et le manége après chaque semaine de fonctionnement, afin d'enlever
la poussière, la graisse sèche, etc. Le propriétaire doit l'exiger
de l'engreneur chargé des soins; du reste, l'ouvrier conscien-
cieux n'a pas besoin à ce sujet de la recommandation de son
maître; la propreté est une tâche qu'il doit prendre à cœur, et,
*en nettoyant sa machine, il apprendra à la connaître dans
ses détails.*

36. — Il faut tendre raisonnablement les courroies, afin d'en
éviter le glissement. Toutes les fois qu'une courroie est neuve,
elle s'allonge promptement ; il faut donc s'attendre à la raccour-
cir de trois à cinq centimètres chaque fois et à plusieurs reprises
dans les quatre ou cinq premiers jours de marche.

37. — On doit régler l'espace entre les battes du batteur et
le contre-batteur selon les denrées que l'on a à battre.

Il est facile à comprendre que plus l'espace est grand, plus la
gerbe a le passage facile. Il y a par suite moins de tirage que
quand les battes du batteur sont très-rapprochées du contre-
batteur.

On a donc intérèt, pour ménager la force motrice et avancer
en besogne, d'éloigner le plus possible le batteur du contre-batteur. On ne doit l'éloigner toutefois que jusqu'au point où le

battage se fait encore bien. Dès qu'il ne se fait plus bien, on est obligé de les approcher.

De ce que je viens de dire, on ne devra pas conclure que pour bien battre il faut tenir le batteur le plus rapproché possible, jusqu'au point même de le faire frapper aux dents du contre-batteur.

Il faut bien se préserver d'un pareil excès, qui aurait pour résultat de mal battre, de briser le grain et de faire moins de travail. On ne devra donc jamais approcher trop près. Il faut, même pour les denrées les plus difficiles à battre, un *jeu égal* pour le moins *à l'épaisseur d'un grain de blé* entre le batteur et le contre-batteur.

Il arrive parfois que, quand le batteur est trop rapproché du contre-batteur et que la courroie motrice n'est pas suffisamment tendue, cette dernière glisse sur les poulies d'une manière invisible peut-être, mais suffisante pour ralentir un peu la vitesse du batteur et ne plus donner un bon battage. Dans ce cas, après avoir tendu raisonnablement la courroie motrice par les moyens connus et à la disposition du propriétaire, on fera bien de mettre une pincée ou deux de poix résine en poudre sur les poulies pour empêcher le glissement.

Les battes du batteur ne touchent jamais aux dents du contre-batteur sans produire un claquement précipité et bruyant.

Lorsqu'on entend ce bruit, on doit bien vite éloigner le batteur du contre-batteur, car je viens de le dire, on ne doit jamais l'entendre, et, en n'arrêtant pas, il s'ensuivrait certainement un accident.

Les observations que je viens de faire s'appliquent à la plupart des batteuses. Celles de quelques-uns de mes confrères se règlent par le contre-batteur. Je ne crois pas devoir m'arrêter à celles qui, par économie de construction, ne se règlent pas du tout.

38. — Il est un système même qui ne peut se régler. Je veux parler des batteurs hérissés de longues pointes s'entre-croisant avec des pointes semblables fixées au contre-batteur. Nous connaissons en France ce système sous la dénomination de batteur américain, parce que Pitts, des États-Unis, et Paige, du Canada, nous l'ont présenté en 1855. (Le système à longues pointes était déjà pratiqué dans le département du Doubs en 1848.) Il est vicieux en ce sens surtout qu'*il n'est pas possible de le régler* de manière à battre toutes sortes de denrées, comme on le fait avec mes batteuses en bout, dont les battes ont seulement des petites saillies.

C'est, suivant moi, un grand défaut pour une batteuse que de ne pouvoir être réglée selon les diverses denrées que l'on a à battre; car, *si on bat mal, il n'y a aucun remède.*

39. — De tout temps, j'ai disposé mes batteuses pour être réglées à volonté; mais, dès 1856, j'ai imaginé un perfectionnement qui permet au premier venu de régler le batteur sans avoir besoin de regarder le jeu qui existe entre le contre-batteur.

C'est ce qu'on appelle *support régulateur à index.*

Il y a en effet un index ou aiguille indiquant extérieurement, à la vue de tout le monde et de chaque côté de la machine, l'espace qui existe entre le batteur et le contre-batteur. Ainsi, lorsque l'aiguille est au chiffre 1, le batteur est le plus rapproché possible du contre-batteur; à 2, quand il est à la hauteur ordinaire pour battre le blé; à 3 ou 4 pour l'avoine; à 5 ou 6 pour les pois et vesces, etc., jusqu'à 7 ou 8.

Ainsi, supposons que les aiguilles soient à 4 et qu'il reste du grain, le propriétaire n'a qu'à dire à son engreneur de mettre à 3 ou à 2.

Si, au contraire, le grain est cassé au chiffre 1, on doit mettre à 2, et ainsi de suite.

Cela s'obtient tout simplement en serrant ou desserrant à la main une vis qui est de chaque côté de la batteuse.

Il faut avoir soin de mettre l'aiguille au même numéro de chaque côté[1].

[1] J'applique ordinairement ces supports-régulateurs à toutes mes batteuses nettoyantes mues par trois chevaux et plus.

DEUXIÈME PARTIE

LES MACHINES A VAPEUR

---

40. — Depuis quelques années on s'occupe beaucoup de l'emploi de la vapeur dans l'agriculture.

Les machines à vapeur locomobiles sont préférées, par la raison qu'elles se prêtent mieux à toutes sortes d'emploi.

Je me rappelle avoir dessiné, il y a vingt-cinq ans, une locomobile à vapeur construite par Halette d'Arras. Cette locomobile était destinée aux travaux d'épuisement dans les ports de mer. Elle était montée sur quatre roues et n'avait pas de tubes intérieurs.

Elle a été publiée, je crois, dans le Recueil de Machines de Leblanc.

Je suis à peu près certain de ne pas me tromper en avançant que cette locomobile est la première qui ait existé en France.

Plus tard, une locomobile à vapeur, spécialement affectée au battage des graines, était exécutée par mon collègue jurassien, M. Lamy. Elle a fonctionné pour la première fois en 1838, à Mirebel (Jura). En 1848, j'ai vu essayer la piocheuse à vapeur de M. Barrat, dans la banlieue de Paris, près du bois de Boulogne.

Puis est arrivée, en 1851, l'Exposition de Londres, qui contenait douze ou treize locomobiles[1], d'où M. Calla de Paris a importé la locomobile Clayton, qu'il a ensuite perfectionnée.

41.— Depuis 1855; plus de soixante constructeurs français se sont mis à construire des locomobiles à vapeur, et aujourd'hui leur propagation est en bonne voie. Quelques ingénieurs et agronomes se sont même jetés dans l'excès en prétendant que la vapeur devait remplacer les animaux de trait pour les labours et d'autres travaux de ce genre.

Mon avis est que ceux-là dépassent les limites du raisonnable, et je crois que de longtemps en France, où le territoire est presque partout extrêmement divisé et les capitaux insuffisants chez les petits propriétaires, la vapeur ne fera un tel progrès.

Labourer à la vapeur, cela est déjà essayé[2]; je crois que l'on peut le faire dans des champs d'une superficie suffisante et qui ne seraient pas trop difformes; mais je ne puis considérer cela comme un progrès; car, enfin, il n'y a progrès que quand il y a bénéfice ou avantage, et sous ce point de vue la vapeur appliquée au labourage est encore loin d'arriver au but.

---

[1] Onze de ces locomobiles à vapeur ont été éprouvées par le jury.

J'ai vu fonctionner la charrue Fowler, en 1857, à Melun.

42. — Néanmoins, je ne disconviens pas que la vapeur puisse s'utiliser avantageusement en agriculture dans bien des circonstances, telles que, par exemple, à l'exploitation des forêts, aux scieries, au battage des grains, aux travaux d'irrigation ou d'épuisement, aux sucreries, distilleries, féculeries, et surtout pour suppléer à l'insuffisance des moteurs hydrauliques dans les sécheresses, etc., etc.

La locomobile à vapeur est le moteur destiné aux grandes exploitations agricoles; mais elles sont fort rares, et je crois pouvoir avancer, sans craindre de me tromper, que jamais en France la vapeur appliquée au battage des grains ne pourra être répandue dans les fermes comme en Angleterre.

Les grandes exploitations en France sont généralement dans le Nord; elles ne sont pas rares en Angleterre, en Belgique, en Hongrie, dans les Principautés danubiennes et surtout en Russie.

Ce serait, je crois, rendre un mauvais service à *la moyenne culture* que de lui conseiller la vapeur pour sa seule récolte; car, bien qu'une machine à vapeur puisse battre en dix heures de 1,500 à 6,000 gerbes et plus, selon sa force et la perfection de son système, son propriétaire aurait à faire le compte de l'intérêt du prix d'achat, de l'amortissement en quatorze à seize ans[1], des frais d'entretien, de combustible, etc.

43. — Tout cela pris en considération, je crois ne devoir conseiller les locomobiles à vapeur que dans les trois cas suivants :

[1] La machine à vapeur est supposée d'une durée un peu moins grande que la machine à battre.

1° Aux entrepreneurs de battage, lorsqu'ils se trouveront à même d'exploiter un bon pays ayant des récoltes assez importantes ; car, dans les pays de petite culture, les frais de déplacement trop fréquents, le temps perdu, les allumages, etc., mangeraient tout le bénéfice ;

2° Aux grandes exploitations agricoles qui pourront se servir d'une machine à vapeur fixe, si les récoltes se trouvent réunies sur un seul point. Au cas contraire, il y aura toujours un bénéfice notable en se servant d'une locomobile[1] ;

3° Enfin, aux fermiers de moyennes exploitations qui voudraient battre à la fois pour eux et pour le public.

Dans tous les cas, le propriétaire d'une machine à vapeur doit avoir à son service un homme intelligent et laborieux, par exemple un ouvrier mécanicien, pour lui confier le soin et le service des machines.

44. — Comparons maintenant le prix de revient du moteur par les locomobiles à vapeur avec celui du moteur par manége.

Supposons une locomobile de trois chevaux-vapeur : son prix d'achat, si c'est quelque chose de bien construit, serait d'environ 4,000 fr.

Sa durée serait au moins de quinze ans en fonctionnant quatre à cinq mois par année. Mais, pour que l'on ne m'accuse pas d'exagération, je supposerai soixante-quinze jours de travail par an et quinze ans de durée, on aura donc pour frais

---

[1] A mon avis, la locomobile est le moteur à vapeur qui se prête le mieux aux exigences de l'agriculture. Elle n'occasionne pas de frais d'installation, et, en cas de réparation, il est toujours commode de pouvoir l'envoyer chez le mécanicien.

d'amortissement par chaque jour de travail. . .   3 fr. 60 c.

La dépense en combustible pour une aussi petite machine serait au moins de 4 kil. de houille
par force de cheval et par heure, ou 120 kil.
pour dix heures, à 3 fr. 80 c. pour 100 kil. . .   4   60

Le chauffeur et l'huile.   4   »

Frais pour approcher l'eau et le charbon, etc.   1   »

Intérêt sur 4,000 fr. à 5 % pour chaque jour
de travail..   2   65

Imprévu.   »   85

TOTAL. . . . . .   16 fr. 70 c.

Ou 1 fr. 63 par heure.

45. — Voyons maintenant le prix de revient de la force
motrice de quatre paires de bœufs au manége. On a remarqué
par la table (pages 29 et 30) que cette force est l'équivalente de
trois chevaux-vapeur.

On a :

Huit bœufs à 2 fr. . . . .   16 fr. »

Un homme pour les stimuler ou surveiller . .   2   »

Intérêts à 5 % sur la valeur des bœufs pour
trois cents jours.. . . . .   »   50

Amortissement sur le manége mobile de la
valeur de 730 fr. pour soixante-quinze jours de
travail par an, durée de quinze ans . . . . . .   »   65

A reporter. . . .   19 fr. 15 c.

5.

$$Report. \ldots \ldots \quad 19 \text{ fr. } 15 \text{ c.}$$

Intérêts à 5 % par an sur la valeur du manége
pour soixante-quinze jours de travail. . . . . . .   »   45
Graissage du manége et imprévu. . . . .   »   40

$$T\text{OTAL}. \ldots \ldots \quad 20 \text{ fr. } \quad »$$

Ou 2 fr. par heure.

Donc, économie de 3 fr. 30 c. par jour en faveur de la petite
locomobile à vapeur.

46. — Nous trouvons par la table (page 30) qu'une force
de trois chevaux-vapeur peut battre en travers 1,080 kil. de
gerbes ou battre en bout 1,482 kil. à l'heure.

En admettant des gerbes de 10 kil. contenant $3^k,5$ de grain,
on trouverait 5 hectolitres pour le battage en travers, soit 33 c.
par hectolitre nettoyé, et 6 hect. 90 pour le battage en bout,
soit 24 c. par hectolitre nettoyé. *Quand il s'agit de force plus
grande, le travail des animaux n'est plus comparable à
celui d'une machine à vapeur.*

47. — Je résume par la table suivante :

FORCE EN CHEVAUX-VAPEUR.	PRIX D'ACHAT.		Battage en travers. PRIX DE REVIENT PAR HECTOLITRE DE BLÉ NETTOYÉ.				Battage en bout. PRIX DE REVIENT PAR HECTOLITRE DE BLÉ NETTOYÉ.				FRAIS DE TOUTES SORTES PAR CHAQUE JOURNÉE DE 10 HEURES, avec un travail de 75 jours par an, et amortissement en 15 ans.		
	LOCOMOBILE à vapeur.	BATTEUSE et courroie.	POIDS des gerbes battues par 10 heures.	NOMBRE d'hectolitres nettoyés par 10 heures.	FRAIS du moteur par hectolitre.	FRAIS tout compris, moteur, batteuse, etc., par hectolitre.	POIDS des gerbes battues par 10 heures.	NOMBRE d'hectolitres nettoyés par 10 heures.	FRAIS du moteur par hectolitre.	FRAIS tout compris, moteur, batteuse, etc., par hectolitre.	MOTEUR.	BATTAGE et nettoyage.	TOUS les frais réunis.
	fr.	fr.	kilog.	hect.	fr.	fr.	kilog.	hect.	fr.	fr.	fr.	fr.	fr.
3	4,000	1,500	10,800	50	0 35	0 54	14,820	69	0 24	0 40	16 70	10 20	26 90
4	4,500	1,500	15,220	71	0 26	0 42	20,900	97	0 19,5	0 51	19 05	11 20	50 25
5	5,000	1,500	19,650	91	0 25	0 56	26,970	126	0 17	0 27	21 40	12 20	55 60
6	5,500	1,500	24,070	112	0 20	0 52	55,050	154	0 15	0 24	23 35	15 20	56 55
7	6,000	1,500	28,500	155	0 18	0 29	59,120	182	0 15,8	0 22	25 25	14 20	59 45
8	6,500	1,500	52,920	154	0 17	0 27	45,200	210	0 12,9	0 20	27 20	15 20	42 40

Dans cette table, tous les frais sont compris, savoir :

1° L'intérêt à 5 % l'an sur les prix d'achat et répartis sur 75 jours seulement ;

2° L'amortissement des prix d'achat en 1,125 jours de travail ;

3° Le chauffeur à 4 fr. par jour;

4° Le charbon au prix moyen de 3 fr. 80 les 100 kil. ;

5° L'eau et l'imprévu, 2 fr. par jour ;

6° Le personnel nécessaire pour le service de la batteuse et d'une valeur variant de 8 à 12 fr., selon la force motrice employée.

Toutefois, je ferai observer que je n'ai pas compris le personnel nécessaire pour approcher les gerbes et remettre les pailles en meules ; ce n'est plus, à proprement parler, le service de la batteuse. J'ai compris seulement tous les engreneurs et apprêteurs de gerbes, et un homme en plus pour débarrasser le grain et les balles.

Le nombre d'hectolitres est calculé sur le poids du *blé en gerbes* à raison de 55 % de grain, pour 65 % de pailles et balles comme précédemment.

48. — On voit par cette table qu'il y a avantage à employer les plus fortes machines à vapeur; cela tient à ce que les frais de graissage et de chauffage sont les mêmes partout, et que l'amortissement, l'intérêt et les frais de combustible sont proportionnellement moins grands pour les fortes machines à vapeur que pour les petites.

Toutefois, aux entrepreneurs de battage je répéterai ceci : Avec la vapeur, dans les pays de petite culture, il y a à se méfier des frais considérables occasionnés par les déplacements trop fréquents, car c'est là que très-souvent passent de jolis bénéfices. J'estime que, pour qu'une batteuse mobile à vapeur produise des bénéfices sérieux, il faut avoir à l'occuper trois jours consécutifs au moins dans toutes les fermes qui seraient séparées par une distance de trois ou quatre kilomètres et plus.

Les grandes exploitations trouveront assurément un bénéfice notable dans l'emploi de la vapeur.

49. — Il y a cependant quelques inconvénients que je dois signaler, afin que chacun agisse prudemment ; mais il sera facile d'y parer, comme on va le voir.

Bien que les locomobiles fonctionnent aujourd'hui partout sans autorisation et sans autres formalités que l'épreuve chez le constructeur ; il n'en est pas moins vrai que l'ordonnance des 22 mai et 24 août 1843 est toujours en vigueur, et que, si les autorités tolèrent de petites infractions, vu l'utilité incontestable de ces machines, la loi est toujours là. J'ai eu occasion plusieurs fois de voir surgir quelques inconvénients auxquels on pourra d'ailleurs n'attacher que l'importance qu'ils méritent.

Voici deux articles de l'ordonnance qui peuvent intéresser les agriculteurs et les propriétaires de locomobiles :

« Art. 50. Aucune locomobile ne pourra fonctionner à moins de cent mètres de distance de tout bâtiment, sans une autorisation spéciale donnée par le maire de la commune. En cas de refus, la partie intéressée pourra se pourvoir devant le préfet.

« Art. 51. Si l'emploi d'une machine locomobile présente des dangers, soit parce qu'il n'aurait point été satisfait aux conditions de sûreté ci-dessus prescrites, soit parce que la machine n'aurait pas été entretenue en bon état de service, le préfet, sur le rapport de l'ingénieur des mines, ou, à son défaut, de l'ingénieur des ponts et chaussées, pourra suspendre ou même interdire l'usage de cette machine. »

50. — Supposons maintenant qu'une locomobile fonctionné à la porte d'un bâtiment de ferme (comme cela se fait toujours, sans autorisation spéciale du maire) et qu'un accident amène un incendie, ce qui est fort rare, du reste, mais cela s'est vu; alors il sera fort à craindre que la compagnie d'assurance, à qui seront réclamés les dégâts de l'incendie, ait recours sur le propriétaire de la machine, si celui-ci s'est trouvé en défaut.

Il y a huit ans, j'étais appelé comme expert pour un fait de ce genre, mais plus grave. Une batteuse à vapeur fonctionnait, sans autorisation, extrêmement près d'un bâtiment couvert en chaume (presque dedans): le feu a pris, le bâtiment a brûlé, l'air a lancé des étincelles à 200 mètres jusque sur un autre bâtiment également couvert en chaume, qui a encore brûlé.

Les compagnies d'assurance des bâtiments ont poursuivi le propriétaire de la machine; il a été condamné à payer.

Mais ce fait est une exception, car il n'est pas prudent de mettre une cheminée de machine presque sous une couverture de chaume.

51. — Il résulte de ce qui précède que, pour faire fonctionner une locomobile à la porte d'un bâtiment de ferme, comme cela se fait habituellement, on doit se pourvoir d'une autorisation du maire de la commune, pour échapper aux poursuites correctionnelles prescrites, en cas d'incendie, par l'article 73 de l'ordonnance précitée. Il est si facile de remplir cette formalité, qu'on ne comprendrait pas que quelqu'un la négligeât et se mît dans le cas d'être poursuivi.

L'accomplissement de cette formalité n'exclut d'ailleurs pas la prudence, puisque le propriétaire de la machine à vapeur demeure, même dans ce cas, responsable des dommages qui pourraient être causés, soit par explosion, soit par communication du feu, si toutefois il y a faute, imprudence ou négligence à lui reprocher. Les cas d'incendie sont d'ailleurs très-rares.

52. — Je rappellerai que la plupart des compagnies d'assurance assurent non-seulement les machines locomobiles à vapeur, mais encore les risques locatifs pour des vapeurs qui vont jusqu'à 30,000 ou 40,000 francs et plus.

L'entrepreneur de battage ne devra pas hésiter un seul instant de s'entourer de cette garantie; ce sera pour lui un moyen d'obtenir la confiance du public. D'un autre côté, bien que les exemples d'incendie par machines à vapeur soient extrêmement rares, je conseillerai au cultivateur qui aurait à faire battre sa récolte par une locomobile à vapeur de se faire représenter par l'entrepreneur de battage sa police d'assurance, accompagnée du dernier reçu de la prime annuelle contre les risques locatifs. De cette manière, n'ayant rien à craindre, le cultivateur pourra traiter avec confiance.

INSTRUCTION PRATIQUE SUR LA MISE EN FONCTION

DES MACHINES A VAPEUR[1].

Installation.

53. — Les locomobiles sont toujours essayées chez les constructeurs avant le départ; il suffit donc, pour s'en servir la première fois, de bien essuyer le suif dont sont enduites les pièces polies. Rarement il reste une pièce ou deux à mettre en place.

Aussitôt arrivé sur l'emplacement convenu pour installer la locomobile à vapeur, on place cette machine de niveau (les roues sur des madriers, si le sol est mouvant), bien en face de la machine à battre et à la distance voulue, selon la longueur de la courroie-motrice qui doit communiquer le mouvement de la poulie-motrice à la poulie du cylindre-batteur ou de la machine à mettre en mouvement.

Ces deux poulies doivent être bien en ligne; les mécaniciens ou chauffeurs exercés les alignent très-bien à l'œil; mais ceux-ci n'ont pour la plupart pas besoin de recommandations; il faut donc se servir d'une petite ficelle que l'on tend sur le côté extérieur des poulies (sans les toucher); puis on déplace, soit la batteuse, soit la machine à vapeur, en la rejetant à droite ou à

---

[1] Cette instruction peut s'appliquer aussi à la plupart des petites machines à vapeur fixes (sans condensation). Les fortes machines fixes à condensation ne sont pas appropriées aux besoins de l'agriculture, à cause de leur complication et d'une foule de raisons.

gauche, de manière à mettre lesdites poulies très-bien en ligne. Cela fait, on essaye la courroie motrice, puis on l'enlève; on cale ensuite les roues de chars des machines, et on dresse la cheminée.

L'eau.

54. — *La première chose à faire,* lorsque les machines sont installées, *est d'emplir la chaudière d'eau* [1] jusqu'à ce qu'elle arrive à la hauteur du milieu du tube en cristal appelé *indicateur du niveau de l'eau.*

Nécessairement, on emploiera l'eau qui sera le plus à proximité de la machine; mais, lorsqu'il sera possible de choisir, on devra donner la préférence dans l'ordre suivant :

1° A l'eau de pluie ou de neige (citerne);

2° A l'eau d'étangs;

3° A l'eau de rivière ou de puits placé près d'une rivière et qui serait alimenté par les filtrations;

4° A l'eau de source.

L'eau sale, boueuse, ne doit pas s'employer.

Les eaux de source sont les moins recommandables par la raison que très-fréquemment elles déposent en masse un sédiment calcaire à l'intérieur des chaudières. Ce sédiment forme parfois un tartre extrêmement dur et adhérent qui, en s'accumulant par trop, pourrait finir par faire brûler le foyer de la

---

[1] Il y a ordinairement une tubulure spéciale par laquelle on verse l'eau dans la chaudière.

chaudière [1], ou au moins par l'empêcher de chauffer convenablement.

Pour prévenir cet inconvénient, il est bon de mettre d'avance dans la chaudière (par les soupapes) un produit chimique appelé *paratartre* que l'on trouve chez les constructeurs. — A défaut, voici un moyen bien simple que j'ai vu employer la première fois en 1845, et que je pratique avec succès depuis dix ans.

Il consiste tout simplement à introduire dans la chaudière une vingtaine de petits morceaux de chêne ayant trois à quatre centimètres de longueur; il faut employer du chêne coupé vert, afin qu'il contienne les acides. On ne les retire jamais; ils finissent par se cuivrer et s'user. On doit les renouveler, s'il y a lieu, après soixante à quatre-vingts jours de marche. Ils empêchent, comme le paratartre, l'adhérence du tartre, qui se décompose en vase au fond de la chaudière.

Ces petites précautions seraient inutiles si l'on employait toujours de l'eau de citerne ou d'étang; mais il est impossible de l'espérer avec une locomobile, et on fera bien d'user de cette facile précaution.

Combustibles.

55. — Il est bon que la chaudière ait son foyer construit de manière à pouvoir brûler indistinctement du bois ou de la houille [2].

---

[1] On appelle cela *coup de feu*.
[2] Charbon de terre.

Toutefois ce dernier combustible est bien préférable; non-seulement il offre souvent une économie notable sur le bois, mais en outre il ne donne pas ou presque pas d'étincelles. La houille maigre, qui produit une longue flamme, est préférable à la houille grasse qui encrasse les grilles.

Le bois donne beaucoup d'étincelles qui s'envolent plus loin que celles provenant de la houille, et il a un pouvoir calorifique moins grand que cette dernière.

Plus le bois est menu, plus il donne d'étincelles; les copeaux et la sciure de sapin en fournissent considérablement. Aussi, lorsqu'on commandera une locomobile destinée à être chauffée avec du bois, il sera bon de le dire au constructeur, pour qu'il dispose son foyer en conséquence [1] et qu'il place à la cheminée un appareil destiné à éteindre autant que possible les étincelles avant leur sortie de la cheminée [2].

Le coke est trop cher et ne brûle qu'en masse.

La tourbe [3] n'a pas un pouvoir calorifique suffisant pour qu'il me soit permis de recommander l'emploi de ce combustible

---

[1] Peut-être même devra-t-il donner une surface de chauffe plus grande que pour la houille.

[2] Cet appareil est utilisé depuis vingt-cinq ans dans les locomotives des chemins de fer autrichiens, dans lesquelles on ne brûle que du bois. La locomotive Engnerth, que le Creusot avait exposée à Paris en 1855, en avait une. Déjà des locomobiles en ont aussi, mais d'un système un peu différent.

[3] La tourbe a un pouvoir calorifique à peu près moitié moins grand que la houille et le coke; c'est-à-dire que, pour vaporiser une même quantité d'eau, il faut une fois plus pesant de tourbe qu'il ne faudrait de houille ou de coke. De même, il faut un tiers plus pesant de bois qu'il ne faut de houille (approximativement et selon les qualités).

dans des machines qui, relativement à leur puissance, ont une faible surface de chauffe. On sait que plus cette surface est grande, plus les chaudières sont puissantes en vapeur. Mais aussi il n'est pas possible d'augmenter la surface de chauffe sans augmenter le volume et le poids, deux conditions bien limitatives pour ces sortes de machines.

Allumage.

56. — Pour l'allumage, on nettoie les cendres de la grille et du cendrier, puis, on passe la tringle à tampons (ou à brosse) dans tous les tubes de fumée de la chaudière. Cela fait, on introduit sur la grille du foyer soit des copeaux de bois avec quelques morceaux de bois, soit un peu de paille avec des petits branchages secs, puis on allume. On ferme la porte du foyer, on ouvre celle du cendrier et le registre ou valve de la cheminée [1].

Aussitôt que le tirage s'est établi et que le feu brûle bien, on charge le foyer de trois ou quatre pelletées de houille. La grille doit être couverte partout de la couche de charbon que l'on tiendra le plus mince possible; car, lorsque la grille est chargée d'une couche trop épaisse de charbon menu, le passage de l'air, indispensable pour la combustion, est intercepté, et le feu étant étouffé ne produit plus la longue flamme que l'on doit toujours rechercher.

---

[1] Il y a des locomobiles qui n'ont pas de porte de cendriers ni de valve à la cheminée. L'absence de ces appareils cause des pertes notables de calorique.

Si la première épreuve d'une locomobile a lieu en hiver, ou si la première eau de la chaudière provient d'une source froide, on devra ne pas trop accélérer le feu en commençant, afin d'éviter les effets fâcheux qui pourraient peut-être survenir par la dilatation trop brusque des parties intérieures de la chaudière.

Lorsque l'on met en vapeur avec de l'eau froide, il faut sensiblement plus de combustible et de temps pour atteindre la pression nécessaire à la mise en marche que quand la machine contient déjà son eau chaude [1].

On aura donc intérêt à conserver l'eau chaude dans la chaudière chaque fois qu'on changera de local et que la viabilité des chemins où la distance à parcourir le permettront.

Toutefois, après chaque semaine de travail, on devra purger la chaudière, afin d'expulser la vase qui sera déposée au fond.

Graissage.

57. — Pendant que la mise en vapeur se fera, en ayant soin d'entretenir le feu par une pelletée de charbon que l'on mettra de temps à autre, on devra s'occuper de graisser, avec une burette à long bec, qui contiendra de l'huile d'olive ou de la bonne huile dite de pied de bœuf, tous les frottements des

---

[1] Il faut environ une heure et demie avec l'eau froide et une demi-heure au plus avec l'eau chaude. Quand la machine est en vapeur, après un repas, on peut fonctionner presque tout en allumant. Quelques constructeurs placent dans la cheminée (indépendamment de l'échappement) un petit jet de vapeur venant directement de la chaudière, ce qui permet d'activer beaucoup la mise en vapeur.

machines, tels que tourillons, articulations, glissières, presse-étoupes, etc.; moins le piston à vapeur, qui se graisse par le robinet placé au-dessus du cylindre à vapeur, et la presse-étoupes de la pompe alimentaire qui ne doit jamais recevoir de graisse.

On devra attendre que le cylindre à vapeur soit purgé, pour graisser le piston à vapeur.

On peut employer l'huile pour le graissage par le robinet ci-dessus indiqué; mais il serait préférable de fondre une graisse composée de moitié huile et moitié suif, que l'on utiliserait aussi pour graisser les bandes de filasse destinées à recharger les presse-étoupes.

Les gros frottements, tels que les tourillons de l'arbre moteur et les glissières, demandent un peu plus d'huile que les petits frottements. Le piston doit dépenser à lui seul au moins 750 grammes de suif par six jours de marche. Un litre et demi à deux litres d'huile, ou trois litres au plus, en comprenant la machine à battre, doivent suffire pour une semaine de travail en graissant deux fois par jour. On jugera d'après cela de la quantité à verser sur chaque frottement.

Mise en marche.

58. — Aussitôt que l'aiguille du manomètre accusera presque la pression maximum[1], qui est quelquefois de cinq et le

---

[1] Pression autorisée indiquée par l'estampille en cuivre fixée à la chaudière.

plus souvent de six atmosphères, on ouvrira les petits robinets purgeurs placés au bas du cylindre à vapeur; on placera la manivelle à angle droit par rapport à la tige du piston, c'est-à-dire, on mettra le piston au milieu de sa course, puis enfin on ouvrira insensiblement le robinet d'admission de vapeur[1]. On laissera marcher la machine une à deux minutes à vide, pour échauffer et purger le cylindre à vapeur. Aussitôt qu'elle sera arrêtée, on fermera les petits robinets purgeurs, on placera la grande courroie, et en même temps on graissera le piston à vapeur. Alors on donnera le coup de sifflet pour avertir du départ les engreneurs et les autres gens de service. On ouvrira de nouveau et insensiblement le robinet d'admission de vapeur, et, si la manivelle reste au point mort[2], on devra aider au volant ou grande poulie, en lui donnant un coup de main. On attend une demi-minute pour que la machine ait sa vitesse normale, c'est-à-dire pour que le régulateur ou modérateur ait ses boules à moitié écartées; ensuite on ouvre tout grand le robinet d'admission et on donne en même temps un second coup de sifflet, qui est le signal convenu pour commencer à engrener.

Pour faire tous ces petits détails, il ne faut ordinairement qu'un seul homme, le chauffeur. Quand une fois il est au

---

[1] Dans les *locomotives*, on se sert ordinairement d'une sorte de tiroir pour admettre plus ou moins ou même supprimer la vapeur dans les cylindres. Alors les mécaniciens de chemins de fer appellent cet appareil *régulateur;* mais, dans les petites machines qui nous occupent, c'est ordinairement un robinet qui sert à donner la vapeur, et voilà pourquoi on l'appelle robinet d'admission (on ne doit jamais l'ouvrir brusquement).

[2] La manivelle, ou *point mort*, veut dire au bout de sa course, d'un bout ou de l'autre.

courant, ce travail se fait plus vite que l'on ne lirait cette instruction.

Service du chauffeur pendant la marche de sa machine.

59. — Le travail le plus pénible est fait pour le chauffeur; mais sa présence à la machine est presque constamment nécessaire; aussi il ne doit pas s'absenter, ou, s'il y est obligé, il doit se faire remplacer pour un moment.

Pendant la marche, il doit nécessairement entretenir le feu par une pelletée de charbon, répétée aussi souvent que l'entretien du feu et la pression l'exigent. Il doit constamment tenir la pression près de son maximum (qui est de 5 à 7 atmosphères selon les machines).

Si, par maladresse, il a trop activé le feu, alors l'aiguille du manomètre atteint le chiffre maximum, et aussitôt les soupapes de sûreté se lèvent en laissant échapper bruyamment le trop de vapeur. Parfois des chauffeurs imprudents, pour ne pas laisser échapper cette vapeur, ont la mauvaise habitude de surcharger les poids des leviers des soupapes de sûreté; il faut bien se garder de le faire, c'est *expressément défendu* par l'ordonnance de 1843.

En les surchargeant, on s'expose à *une explosion* qui pourrait compromettre la vie du chauffeur et des personnes qui sont à l'entour.

Le propriétaire de la machine doit donc, pour ne pas encourir cette grave responsabilité et ces pertes, s'opposer lui-même à ce

que son chauffeur *surcharge les soupapes*. Il suffit de rappeler
qu'*il n'y a aucun danger en laissant agir librement les
soupapes de sûreté*, qui ne lâchent que l'excès de vapeur. Ce
n'est donc qu'une perte minime de vapeur et de combustible.

Cela arrive rarement avec le chauffeur expérimenté.

Aussitôt que l'on prévoit un excès de vapeur, ce qui est an-
noncé par les soupapes qui commencent alors à *souffler*, il faut
fermer la porte du cendrier, ouvrir entièrement celle du foyer
et faire marcher un instant la pompe alimentaire ; au besoin
même, dans le cas d'un temps d'arrêt brusque et inattendu, on
peut jeter un peu d'eau sur le combustible incandescent du
foyer.

Alimentation [1].

60. — A mesure que l'eau en ébullition se vaporise et que la
vapeur se dépense par la marche de la machine, le niveau de
l'eau s'abaisse visiblement dans le tube indicateur. On doit donc,
sans retard, faire fonctionner la pompe alimentaire, car il convient d'alimenter peu à la fois en répétant souvent.

Pendant l'alimentation, le chauffeur doit activer un peu plus
le feu, afin de soutenir la pression. Pour faire fonctionner la
pompe alimentaire, il faut approcher un baquet que l'on em-
plit d'eau et au fond duquel doit poser la pomme d'arrosoir qui
termine le tuyau d'aspiration ; puis *on amorce* (ce qui est ordi-

---

[1] Un nouvel appareil d'alimentation très-ingénieux a été imaginé par
M. Giffard. Je n'en parle pas ici, par la raison que son emploi ne s'est
pas encore généralisé dans les locomobiles.

nairement nécessaire pour la première fois que l'on met en marche une pompe).

Cela consiste simplement à emplir d'eau la boîte à clapet d'aspiration, puis à bien la reboucher. Pour la faire travailler, il suffira d'ouvrir alors le robinet du tuyau d'aspiration. On devra remplir souvent le baquet d'eau, afin que la pomme d'arrosoir soit constamment baignée.

Chaque fois qu'une pompe alimentaire, lorsqu'elle est bonne, ne fonctionne plus, cela doit tenir à l'une des deux causes suivantes :

1° A une rentrée d'air qui a lieu dans l'aspiration, soit par le robinet, soit par les couvercles de clapets et le plus souvent par le presse-étoupes, qui n'est plus assez pressé ou qui a besoin d'être rechargé d'une bande de filasse[1]. Ordinairement, lorsque la pompe est à système vertical, il suffit, pour remédier à ce dernier inconvénient, de verser un peu d'eau sur le presse-étoupes pour empêcher la rentrée d'air.

2° Je rappelle que le presse-étoupes de la pompe alimentaire ne se graisse pas, par la raison que, s'il y avait de la graisse, elle irait dans les soupapes et les empêcherait de bien fonc-

---

[1] Il y a plusieurs sortes de garnitures de presse-étoupes (ou *stuffing-boxes*) :

1° Le presse-étoupes ordinaire, dans lequel on place des bandes de filasse que l'on superpose et que l'on comprime ensuite ; .

2° La garniture de caoutchouc, qui consiste en plusieurs rondelles de caoutchouc que l'on superpose et comprime ;

3° La garniture métallique, qui ne se rechange jamais, mais que je ne crois pas recommandable pour les locomobiles.

tionner. Quelquefois même il arrive que ces clapets ont besoin d'être nettoyés ou décrassés avec un linge propre; pour cela, il faut fermer les deux robinets de la pompe[1], en ayant soin de fermer celui d'aspiration le premier, puis celui de refoulement.

Aussitôt que le nettoyage est opéré, *on amorce*, on rebouche bien les boîtes à clapets, et on ouvre les robinets *en commençant par celui de refoulement.*

Ces petites précautions ne sont rien et passent inaperçues quand l'on a un chauffeur connaissant bien son métier. Le remède n'est pas onéreux ; c'est une chose bien connue des mécaniciens, et c'est ce qui leur fait dire que les pompes alimentaires ont des *caprices.*

Ces caprices sont assez fréquents quand les clapets ne joignent plus bien et que, par suite, l'eau chaude de la chaudière revient dans la pompe; il n'y a alors pas d'autre remède que de faire *rôder* les soupapes. (Cela ne doit jamais arriver à une pompe neuve, à moins que des obstacles s'introduisent, ainsi que je viens de le dire.)

Lorsque l'eau a atteint la hauteur maximum, environ les *deux tiers* du tube indicateur en cristal, on arrête le jeu de la pompe *en fermant* le robinet d'aspiration. Lorsque l'eau est descendue *au tiers* de la hauteur dudit tube indicateur, on fait jouer de nouveau la pompe, *en ouvrant* ce même robinet d'aspiration.

[1] Dans toutes les pompes alimentaires, il y a un robinet à l'aspiration ; mais il y en a qui n'ont pas de robinet au refoulement, et, dans ce cas, il y a deux soupapes de refoulement.

Je crois devoir rappeler que la pompe alimentaire joue un rôle très-important dans la bonne marche d'une machine à vapeur; car, si parfois une chaudière est brûlée, c'est toujours par le manque d'eau que cela arrive.

Ce fait est très-rare, mais, lorsqu'il survient, le chauffeur a bien soin d'accuser la pompe, et c'est à tort, parce qu'il pouvait prévenir cet accident.

En effet, si la pompe ne donne plus d'eau, il faut *éteindre le feu immédiatement*, attendu que, en persistant à laisser baisser l'eau, on est d'abord en contravention aux prescriptions de l'ordonnance de 1843, qui en a prévu les dangers; puis on est certain de brûler le foyer et les tubes de la chaudière, ce qui n'est pas peu de chose à réparer.

On devra donc apporter la plus grande attention à la hauteur du niveau de l'eau, c'est un point capital dans la conduite des machines à vapeur.

L'alimentation régulière économise le combustible.

Le trop d'eau a aussi deux inconvénients qui ne sont pas graves, mais qui méritent d'être signalés : c'est de refroidir la masse d'eau de la chaudière et par suite d'abaisser la pression; puis d'envoyer de l'eau dans le cylindre à vapeur : ce qui s'entend de suite par les claquements du piston à vapeur. On est obligé alors d'ouvrir les robinets purgeurs pour expulser l'eau, ou, s'il y en a par trop, on doit en sortir un peu par le robinet de vidange placé au bas de la chaudière.

L'indicateur du niveau de l'eau a trois robinets : celui du dessus amène la vapeur; celui du bas amène l'eau chaude. Si le tube en cristal vient à ca ser, on ferme ces deux robinets, ce qui permet de vider le presse-étoupes et de remplacer ledit tube[1].

Le petit robinet d'en bas ne s'ouvre jamais qu'un quart de minute et seulement pour purger le tube en cristal lorsqu'il est sale.

Indépendamment de l'indicateur, il y a aussi, dans presque toutes les locomobiles, deux ou trois petits robinets, *dits de jauge,* qui sont utiles pour savoir à peu près la hauteur du niveau de l'eau lorsque le tube en cristal est hors de service par suite de ce qu'il est sale, obstrué ou cassé.

Bien que, pendant la marche, les deux points essentiels dans la conduite soient, pour le chauffeur,

1° D'entretenir le feu de manière à avoir une pression constante ;

2° De tenir le niveau de l'eau à une hauteur convenable ; il aura aussi à surveiller la vitesse de sa machine et il devra s'assurer, en tâtant avec la main, si aucun frottement ne s'échauffe, principalement ceux des coussinets de l'arbre moteur, qui, dans ce cas, réclameraient de l'huile.

Mais il ne faut pas conclure de cela qu'on doive attendre qu'un frottement s'échauffe ou tiédisse seulement pour le graisser.

J'ai dit (page 66) qu'il fallait graisser deux fois par jour de marche tous les frottements ; mais, indépendamment de cela, un tourillon neuf peut s'échauffer par suite de ce qu'il aurait ses coussinets un peu serrés ou trop rapprochés ; il faut alors le graisser dès qu'on s'en aperçoit.

---

[1] Chaque locomobile doit en avoir au moins six pour rechange.

Le coussinet qui s'échauffe, grippe [1].

Si, par inadvertance, le chauffeur laisse gripper un tourillon, on devra arrêter trois à quatre minutes pour l'arroser d'eau roide ; puis desserrer à peine les coussinets et lubrifier d'huile.

Toutefois, si plus tard, après avoir rattrapé le petit jeu des coussinets, ils continuaient à s'échauffer, on devra, une fois la machine arrêtée, démonter cette paire de coussinets pour bien la nettoyer et ôter la limaille avec un chiffon propre. On ôte habituellement avec une petite lime très-douce les sommets des rayures ou grains de la partie grippée ; mais, ce travail ne devant se faire que par une main exercée et pour le cas seulement où le coussinet persisterait à s'échauffer, je ne crois pas prudent de conseiller chaque fois l'usage de la lime douce. On jugera si cela est nécessaire.

On devra ensuite remettre le tout en place et graisser.

Arrêt du travail

61. — Environ quinze minutes avant l'heure du repas, le chauffeur ne doit plus faire de feu, et, quand il lui reste encore trop de vapeur, il en profite pour alimenter (*Voir* page 69). Lorsqu'il faut arrêter, il donne un coup de sifflet pour avertir les engreneurs qu'ils ne doivent plus rien passer. Un quart de minute après, il ferme le robinet d'admission, la porte du cendrier et la valve de la cheminée ; puis, par précaution, il arrose autour de sa machine. Il sera bon aussi que l'engreneur puisse

---

[1] Ce qui veut dire : il se mange et s'use rapidement.

donner le signal d'arrêt; à cet effet, il devra avoir sur lui un petit sifflet.

Vidange de la chaudière.

62. — Après chaque semaine de travail, on devra purger la chaudière afin d'expulser la vase qui sera déposée au fond.

Pour cela, il suffira, une fois le travail cessé, de laisser monter la vapeur jusqu'à 5 atmosphères; puis il faudra mettre en bas le feu en jetant préalablement un peu d'eau dans le foyer, afin de ne pas sortir au dehors un brasier incandescent. Cela fait, on laissera ouverte la porte du foyer et on ouvrira tout grand le robinet de vidange placé au bas de la chaudière. La pression de la vapeur fera sortir avec force toute l'eau bouillante de la chaudière qui entraînera avec elle la vase, et la chaudière se trouvera alors purgée par la pression de la vapeur.

L'hiver, dans les fortes gelées, il ne faut jamais laisser l'eau dans la chaudière, ce serait gravement l'exposer. Chaque fois que l'eau gèle fortement à l'extérieur ou à l'intérieur des tubes ou tuyaux en cuivre, ils se déchirent et sont à remplacer. Il faut donc bien avoir soin, dans les fortes gelées, de ne pas laisser refroidir l'eau de la chaudière. Il faut alimenter avec de l'eau douce et envelopper tous les tuyaux extérieurs de deux ou trois couches de feutre (lisières de drap), avoir le soin de fermer le registre ou valve de la cheminée, afin de concentrer la chaleur pour la nuit, vider les tuyaux de la pompe alimentaire, puis, le matin, avant de mettre en marche de nouveau, il faut lâcher longtemps à l'avance un filet de vapeur par le robinet d'admission, afin de dégeler le piston à vapeur, et ensuite faire tourner la machine à la main, etc. Par les froids très-grands, il est même prudent de vider la chaudière ainsi que les tuyaux et de cesser le travail pendant quelques jours.

Soins nécessaires pour mettre la machine au repos.

63. — Lorsqu'une machine à vapeur doit être arrêtée pour un certain laps de temps, par exemple à la fin de chaque campagne, il faut bien la nettoyer, décrasser, dérouiller, vider les tuyaux, la chaudière, les godets graisseurs, puis enduire toutes les pièces polies, avec un linge ou un pinceau propre, d'une couche de suif fondu. Le suif de mouton est celui qu'on doit préférer pour cela. On devra avoir bien soin de tenir fermés tous les robinets, surtout les purgeurs et graisseurs du cylindre à vapeur, afin d'éviter l'oxydation que produirait l'air extérieur si on les laissait ouverts.

Il n'y a presque plus d'explosion.

64. — Les machines à vapeur sont explosibles, chacun le sait; mais, aujourd'hui que les constructeurs ont à peu près atteint le maximum de perfection et que les machines sont soumises à des épreuves sérieuses par les ingénieurs du gouvernement, il n'y a plus de danger.

Ainsi on voit des milliers de locomotives marcher constamment sur les chemins de fer, et on n'entend jamais parler d'accidents par explosion.

Il est bon de rappeler qu'une explosion n'est jamais le fait du constructeur, mais seulement de l'imprudence du chauffeur, qui :

1° Ou surcharge les soupapes de sûreté, ce qui est expressément défendu ;

2° Ou *laisse trop baisser l'eau* de la chaudière, ce qui, tout en brûlant le foyer, peut déterminer une explosion.

Parfois un tube du foyer peut faire explosion ; mais cela n'a rien de dangereux. Afin que cet accident n'arrête que le moins possible la marche de la machine, on a ordinairement des tampons en bois que l'on chasse des deux bouts des embouchures du tube pour arrêter momentanément la fuite et permettre de continuer le travail jusqu'à la fin de la journée.

Choix d'un chauffeur.

65. — Chaque fois qu'un propriétaire pourra se procurer un ouvrier mécanicien *intelligent et surtout très-rangé*, il ne devra pas hésiter à le prendre, quand même il devrait le payer deux ou trois fois plus cher qu'un manœuvre ordinaire. Que le propriétaire se garde bien d'accorder sa confiance à un trop beau parleur qu'il ne connaîtrait pas. Ordinairement ces gens-

là, à les entendre, savent tout faire, mais ils ne font pas grand'-
chose de bon.

Il devra donc choisir, faute de mieux, *le plus intelligent*
des manœuvres qu'il connaîtra ; puis il fera bien de l'envoyer faire un petit apprentissage de deux mois au moins chez
le constructeur même à qui il aurait commandé sa locomobile
à vapeur.

Voici l'énumération de ce qui lui sera essentiel d'apprendre :

1° A faire les garnitures des presse-étoupes ;

2° A rattraper le jeu des coussinets ;

3° A faire les mastics divers ;

4° A faire les joints de vapeur ;

5° A faire la réparation et pose d'un tube en cuivre ;

6° A rôder les soupapes et robinets ;

7° A rechanger le tube indicateur ;

8° A retendre les ressorts de piston, etc., etc.

Là, il pourra voir en construction des machines dans leurs
détails, et il pourra chauffer quelques jours, tout en recevant des
explications qui seront pour lui des leçons véritablement pro-
fitables.

Aussitôt que le chauffeur ainsi appris commencera à diriger
la locomobile, il faudra lui adjoindre un jeune second également
intelligent, destiné à le remplacer par la suite en cas de maladie
ou pour toutes autres causes.

Si le chauffeur a moins de peine qu'un engreneur, il ne mérite pas moins d'être encouragé lorsqu'il fait bien son service, lorsqu'il économise le combustible par exemple.

Le chauffeur qui conduit mal sa machine brûle infiniment plus de combustible que celui qui ne laisse pas perdre inutilement le calorique et la vapeur.

Choix dans les machines à vapeur fixes ou locomobiles.

66. — La locomobile et la machine fixe que l'on doit préférer est celle qui brûle le moins de combustible à force égale et dans un temps donné ; ou, en d'autres termes, celle qui brûle le moins de charbon par force de cheval et par heure.

Pour obtenir cela, il ne faut pas que l'acquéreur recherche les machines à trop bon marché ; car, pour arriver à l'économie de combustible, les constructeurs sont obligés d'ajouter des organes indispensables et qui n'existent pas dans les machines simples.

Ce sont principalement :

1° La surface de chauffe relativement grande, ce qui entraîne à une chaudière un peu plus dispendieuse ;

2° Un appareil réchauffant l'eau d'alimentation par l'échappement de vapeur ou par le calorique perdu de la fumée ;

3° Une détente variable ou au moins une bonne détente fixe ;

4° Un modérateur, les enveloppes, etc., et enfin toutes choses ayant pour but l'économie du combustible.

Sous la dénomination de *machines à vapeur simples*, je veux parler de celles qui sont également solides, bien construites, et qui fonctionnent bien, mais qui n'ont pas les organes précités, organes qui, je le répète, sont indispensables pour économiser le combustible. Par le mot « simples » je ne veux pas dire mal faites ; je ne parle pas de ces dernières machines.

TROISIÈME PARTIE

OBSERVATIONS GÉNÉRALES SUR LE CHOIX DES MACHINES
AGRICOLES.

Simples conseils.

67. — Il faut choisir une batteuse selon ses besoins réels,
ainsi que je l'ai déjà démontré; mais, comme la majorité des
agriculteurs ne connaît pas les machines dans leurs détails de
construction, et qu'en achetant au hasard, sous leurs propres
inspirations, ils s'exposent aux déceptions, je viens leur sou-
mettre les simples conseils que voici :

Il convient de s'adresser de préférence aux grandes maisons,
à celles qui ont fait leurs preuves par un grand nombre de li-
vraisons, par des améliorations ou des modifications importantes
consacrées par l'expérience, enfin aux maisons qui se recom-

mandent par des récompenses obtenues dans les expositions et concours, par des brevets, etc., etc., à celles qui ne craignent pas de garantir la solidité, la bonne confection de leurs produits.

En effet, supposons que l'on s'adresse, en cas de maladie grave, à un jeune médecin sortant des écoles, son expérience en pratique n'étant encore qu'à l'état naissant, mon avis est que l'on s'exposerait en s'abandonnant ainsi à un commençant, qui ne deviendra célèbre qu'après avoir commis quelques erreurs. Eh bien, il en est de même de tous les métiers. L'agriculteur qui commence a souvent besoin des conseils des anciens; de même, les mécaniciens nouveaux dans la partie doivent inspirer une moins grande confiance que ceux qui ont acquis les fruits de l'expérience.

Dans cet art si étendu, si varié, le mécanicien qui veut trop embrasser dans sa fabrication s'expose à dépasser les limites de ses forces ou de ses connaissances, et il court le danger presque certain d'aboutir à quelque déception. Cela a été bien compris par nos voisins les Anglais, qui ne font jamais qu'une spécialité.

Je n'approuverai jamais un mécanicien qui voudrait faire des machines de filatures et des instruments d'agriculture, des moteurs hydrauliques et des objets de haute précision, toutes machines qui n'ont aucun rapport entre elles. Il doit se contenter de faire une seule de ces choses pour la bien faire et pour obtenir les suffrages approbateurs tant des connaisseurs et des juges qui examineront son travail dans une exposition que des acquéreurs de ses machines.

J'ai, avec *tous mes confrères*, le malheur commun de ne pouvoir prétendre à *une perfection absolue ;* mais, si je tiens ce langage, c'est qu'il est tiré de l'expérience, c'est que j'ai dù aussi, à une époque passée, payer mon petit tribut d'école.

Il convient donc, je le répète, de s'adresser *de confiance* aux grandes maisons réputées dans la spécialité. Par cette même raison, lorsqu'on achètera un instrument dans un entrepôt, il faudra exiger la plaque donnant le *nom et l'adresse du fabricant,* car il y a à se méfier de ceux qui cachent l'origine d'un objet ; cela dénote des motifs qui ne peuvent être honnêtes ni favorables à l'acquéreur.

Cette absence de marque de fabrique ne se rencontre ordinairement pas chez les entrepositaires honnêtes.

Les motifs cachés que je viens de signaler sont ceux-ci : Lorsque l'entrepositaire enlève la plaque du fabricant sur un bon instrument, c'est qu'il la remplace par sa plaque, afin de s'attirer le monopole de la vente de l'instrument, et par suite pouvoir le contrefaire plus ou moins bien à l'insu du véritable fabricant inventeur. L'acquéreur s'expose ainsi à acheter une contrefaçon, qui souvent est mal faite, ou, si c'est bien un instrument venant d'un grand fabricant, il ne connaît pas son adresse et ne peut pas se procurer les pièces de rechange ni un ouvrier de ce fabricant, en cas d'accident nécessitant une réparation.

D'autres fois, l'instrument qui ne porte pas le nom de son constructeur est un rebut de magasin que personne n'ose signer.

J'estime donc que, pour les instruments en entrepôt, la plaque de l'entrepositaire doit être à côté de celle du fabricant, afin de concilier tous les intérêts.

La solidité et la durée des batteuses fixes et mobiles.

68. — Il y a des agriculteurs qui supposent à tort que les batteurs mobiles sont moins solides que ceux fixes, il n'y a aucune raison pour qu'il en soit ainsi. Dans les cas fort rares où des organes se fatiguent et se brisent *dans les machines mobiles bien construites*, ces accidents sont occasionnés par le manque d'attention des manœuvres qui la desservent.

Il arrive principalement dans l'installation et le transport ; mais il ne se produit jamais chez des propriétaires clairvoyants.

Ce qui use les machines à battre en général, c'est naturellement le travail ; et les batteuses mobiles qui se louent, étant appelées à faire un travail *dix ou vingt fois plus grand* que celui des batteuses fixes, qui n'ont à opérer le plus souvent que les battages d'une seule ferme, les premières devront donc être usées dix ou vingt fois plus vite que les dernières.

Voilà tout simplement pourquoi on dit à tort, et sans se rendre compte, que les batteuses mobiles sont moins solides que celles fixes. Il est pourtant facile à comprendre que plus une machine travaille et plus ses parties frottantes et agissantes, telles que les tourillons, les coussinets, les battes, les courroies, le contre-batteur, etc., doivent s'user en raison du travail effectué. Mais ce qui est usé est très-réparable, et il ne faut pas croire pour cela que la machine soit perdue ; car toutes les parties qui *sont immobiles, de même que la plupart de celles mobiles qui n'agissent pas directement, n'ont ordinairement aucun mal.* Il suffit donc de changer quelques arbres et coussinets et quelques autres pièces d'une valeur assez restreinte pour rendre en parfait état de roulement une batteuse que l'on croyait usée à tout jamais.

On peut confier ces travaux de réparations à un ouvrier intelligent, si on en a sous la main, et la dépense ne peut guère atteindre, *au maximum,* que le quart ou le tiers du prix d'achat primitif de la machine.

Le battage en travers et le battage en bout.

69. — Le battage en travers exige environ un tiers de plus de force que le battage en bout ; ce qui revient à dire que, de deux batteuses mues par une force égale, l'une battant en bout et l'autre en travers, celle en bout fera environ un tiers de plus de travail que celle en travers. Cette énorme différence provient principalement de ce que la surface du contre-batteur (surface soumise totalement à l'action du battage) est plus d'une fois plus grande dans la batteuse en travers que dans celle en bout.

Il faut ajouter à cet avantage que les batteuses en bout bien construites peuvent battre toutes sortes de grains et les battre mieux que ne pourrait le faire n'importe quelle batteuse en travers. Néanmoins, ce n'est pas une raison pour donner complétement la préférence aux batteuses en bout : celles en travers ont le mérite de rendre la paille aussi belle qu'avant d'avoir passé dans la machine. Je conseille donc les batteuses en travers dans les pays où l'on tient à la conservation de la paille, tels que les environs de Paris, la Beauce, la Brie, la Picardie, la Flandre, la Champagne, une partie de la Normandie et une partie du Centre, etc. Dans ces pays de plaines, la terre est assez généralement légère, le soleil est moins ardent que dans le Midi, et les récoltes, le plus souvent mises en meules, sont battues en automne et en hiver. Dans ces conditions, le battage se fait beaucoup plus facilement que dans l'Est, l'Ouest et surtout le Midi, où, sous un soleil ardent et dans les terres fortes, les céréales sont toujours dures, surtout quand on a affaire aux blés barbus d'Algérie et du Midi, aux blés cultivés en billons, dont les épis chétifs, venus dans les rigoles, sont d'une ténacité extrême et sortent des batteuses en travers sans paraître y avoir passé.

Pour ces derniers motifs, je ne puis conseiller les batteuses en travers dans l'Est, l'Ouest et les pays méridionaux, où elles n'y réussiront jamais bien, à moins que, par exception, elles ne soient animées d'une grande vitesse, ce qui ne peut s'obtenir que par une force empruntée à un cours d'eau ou une machine à vapeur [1]. Encore auraient-elles, dans le Midi, l'inconvénient de casser le grain.

Dans le Nord, une très-grande vitesse au cylindre batteur n'est pas, comme dans l'Est et le Midi, nécessaire pour égrener

---

[1] Je crois utile de rappeler au lecteur que la résistance des machines à battre augmente avec la vitesse du cylindre batteur.

le blé, et il s'ensuit que les batteuses en travers, mues par deux, trois et quatre chevaux, y fonctionnent très-bien.

J'ai entendu maintes fois, les cultivateurs du Nord raisonner ainsi : « Si notre paille est belle, nous la vendons toujours avantageusement; et si, parfois, il reste un grain dedans la paille que nous consommons à la ferme, peu importe, notre bétail en profite. »

Mais, si le Nord de la France demande des machines conservant la paille parfaitement belle et droite, l'Est, l'Ouest et une partie du Centre veulent la paille froissée ou chiffonnée, plus ou moins. Une partie du Midi, la Provence principalement, exige qu'elle sorte des machines à battre entièrement brisée et même hachée.

En Provence, la paille s'obtient hachée au moyen du dépiquage par les pieds des animaux et de l'emploi des rouleaux. Dans cette contrée, la paille et le grain se cassent d'autant plus facilement que l'on a la déplorable habitude de laisser les récoltes exposées au soleil, sous prétexte de faciliter le dépiquage par le piétinement ou le rouleau, ce qui rend la paille et le grain très-cassants, tandis que ce n'est point nécessaire, mais au contraire nuisible pour le battage mécanique.

Pour donner une idée au lecteur de l'état de la paille sortant du dépiquage par le piétinement, je rappellerai que dans le Var, par exemple, on est obligé, pour la transporter, de la placer dans des sortes de filets, tellement elle est pulvérisée.

Aussi, bien que depuis une dizaine d'années de nombreuses tentatives aient été faites dans la Provence pour substituer les machines à battre aux modes défectueux qui y sont en usage, la plupart des batteuses ont échoué, parce qu'aucune n'a répondu aux exigences de l'habitude contractée.

La vieille routine a donc persévéré, et elle est fondée sur le raisonnement suivant, que j'ai entendu tenir à plusieurs cultivateurs du Midi :

« Si les bras manquent de nos jours, les animaux qui font notre dépiquage ne manquent pas encore, et nous ne ferons l'acquisition de machines à battre qu'autant qu'elles nous procureront des économies sur notre procédé traditionnel, et surtout qu'elles ne briseront pas le grain, tout en brisant le plus possible la paille. »

Les machines à battre, livrées jusqu'à ce jour dans la Provence, avaient des cylindres-batteurs ordinaires; mais il est arrivé qu'aucun d'eux ne brisait suffisamment la paille. De là, premier mécontentement des cultivateurs.

Si, au contraire, les constructeurs disposaient leurs cylindres-batteurs de façon à briser la paille le plus possible, en mettant, par exemple, des battes angulaires à ce cylindre, le grain ne demeurait plus intact et une certaine quantité se trouvait brisée.

Par suite, nouveau et bien plus grand mécontentement des cultivateurs. Pénétré de ces inconvénients, j'ai imaginé un moyen que voici :

Je me sers d'une machine à battre en bout nettoyante, munie d'un cylindre-batteur (de mon système breveté), afin de ne pas briser le grain par l'action du battage.

La paille sortant du cylindre-batteur est mélangée et chiffonnée; puis, après avoir été secouée par la machine, elle se présente à l'action d'un appareil ou cylindre muni de lames qui la brisent plus ou moins menu.

Je nomme mon appareil *brise-paille*. Il peut être adhérent à la machine ou en être isolé.

Les avantages sont notamment :

1° De donner la faculté de briser la paille en même temps que le battage s'effectue, et sans en augmenter la manutention;

2° D'éviter le cassage des grains, puisqu'ils sont séparés de la paille lorsqu'elle reçoit l'action du brise-paille;

3° De conserver à la paille ses qualités nutritives dont une partie est détruite au moyen du mode de dépiquage par les pieds des animaux.

Mais, si le Nord demande la paille intacte et le Midi la paille hachée, presque pulvérisée, il y a, je crois, dans ces exagérations extrêmes, une bonne moyenne à prendre. Elle s'obtient tout simplement par le *battage en bout* tel qu'il est demandé dans soixante-cinq départements qui semblent l'avoir adopté complétement et d'une manière bien positive. C'est, à mon avis, le seul battage vrai et rationnel, où chaque épi reçoit le même nombre de coups de battes et qui permet de traiter la paille selon la volonté de la majorité des agriculteurs.

A ce sujet, j'ai encore imaginé (le premier) un moyen qui permettra de concilier bien des intérêts: il consiste *à disposer les batteuses en travers de manière à pouvoir battre à volonté en bout ou en travers.*

CHOIX DANS LES BATTEUSES NETTOYANTES ET CELLES NE NETTOYANT PAS.

La ventilation, le nettoyage des grains.

70. — La plupart des constructeurs font aujourd'hui des batteuses secouant la paille et ventilant le grain, parce que sans doute les cultivateurs intelligents en ont compris le grand avantage.

Néanmoins, je ne puis admettre dans la catégorie des batteuses nettoyantes celles qui ont un simple tarare recevant le mouvement d'une batteuse sans nettoyage, *avec laquelle on est obligé d'avoir un personnel nombreux pour secouer la paille à la fourche et pour mettre la balle et le grain dans le tarare.*

Le personnel pour une telle manutention *est plus du double de celui d'une véritable batteuse nettoyante,* et l'expérience a démontré que le secouage de la paille et la ventilation du grain coûtent presque aussi cher que le battage même.

Je crois avoir déjà suffisamment démontré que la quantité de rendement des batteuses nettoyantes diffère fort peu de celles ne nettoyant pas. On devra remarquer à ce sujet que mes calculs ne portent que sur les batteuses nettoyantes de mon système breveté en 1857.

Depuis cette époque, je pratique mon système de nettoyage. Ce serait long de le décrire ici; je me contenterai de dire *qu'il n'exige pas* 8 *pour* 100 de l'air et de la force motrice nécessaires aux autres nettoyages existants. L'air est utilisé d'une manière si rationnelle, qu'il n'existe nulle part un système plus simple.

Voilà une des causes qui diminuent considérablement la résistance dans mes batteuses nettoyantes.

71. — Il ne faut pas cependant en conclure que dans toutes les circonstances il faille des batteuses nettoyantes, car j'ai déjà démontré que le petit propriétaire ou fermier qui bat en hiver a des bras inactifs qui peuvent sans plus de frais secouer la paille et vanner le grain; mais celui qui est obligé de payer des journaliers pour desservir la batteuse trouvera, certainement, un bien grand avantage à se servir, par exemple, d'une batteuse *nettoyante*, battant environ 1,000 kil. de gerbes à l'heure, et dont le service n'exige pas plus de quatre personnes (*hommes et femmes*).

72. — Il est parfois des cultivateurs qui tombent dans un autre excès, en recherchant les batteuses les plus compliquées; par exemple, celles qui rendent le grain *tout divisé en plusieurs sortes.*

Je crois bien faire en leur soumettant mes observations à ce sujet. La division des grains s'opère assez bien et quelquefois très-bien; mais, lorsqu'elle ne s'opère pas aussi bien qu'on pourrait le désirer pour certains grains, c'est un mal sans remède pour les cultivateurs qui n'ont pas l'intelligence de la mécanique.

En admettant même que la division se fasse bien, il faut une très-grande quantité de sacs et prendre le soin de numéroter les sortes de grains; mais, comme il n'y a presque jamais assez de sacs dans les fermes, il s'ensuit que les garçons ou domestiques versent les grains par tas dans un magasin ou au grenier. Or, la plupart du temps, ils se trompent de tas, et alors le travail de la division est à recommencer. Par ces motifs, il est à craindre que les batteuses *mobiles et divisant* ne répondent pas à leur utilité; je ne vois d'utile, dans les machines divisant, que les batteuses fixes dans les fermes dirigées avec beaucoup d'ordre et d'intelligence.

73. — J'ai dit que les batteuses vraiment bonnes sont celles *qui économisent le mieux les bras* des ouvriers et qui rendent de véritables services par l'économie dans la manutention; ces batteuses sont, suivant moi, celles secouant la paille et vannant le grain.

En effet, ce système économise des hommes pour secouer la paille et pour ventiler le grain, deux opérations très-coûteuses à faire à bras.

On me dira : « Mais la division du grain est aussi très-utile! »

Je répondrai : « Oui, quand elle se fait bien; mais elle peut se faire à bras par les gens de la ferme, dans l'hiver et sans qu'il n'en coûte rien, ou quand le fermier veut vendre son grain. Il en est pas de même de la ventilation du grain et du secouage de la paille, *ces opérations ne peuvent se remettre;* elles se font toujours en même temps que le battage, et, si le fermier a une machine ne ventilant pas et un personnel insuffisant, il se trouve alors obligé de payer cher des ouvriers étrangers à sa ferme pour faire ce travail.

La poussière.

74. — Toutes les batteuses font une poussière considérable, de sorte qu'il n'est peut-être pas de machines susceptibles de se salir aussi vite que les machines à battre. Beaucoup de constructeurs ont placé une cheminée au-dessus du couvercle ou capote du cylindre-batteur.

Cette cheminée enlève effectivement une partie de la poussière, et je la reconnais utile dans les batteuses fixes quand on a soin de faire communiquer cette cheminée (en bois ou en tôle) à l'extérieur du local. Mais elle est inutile et même nuisible dans les batteuses mobiles.

A quoi bon, en effet, faire sortir la poussière par une cheminée qui a 1 à 2 mètres de hauteur si la poussière retombe sur la machine et l'engreneur. Mieux vaut la faire sortir autant que possible par où sort la paille et ne pas mettre de cheminée.

Plus les batteuses sont fortes, plus il y a de poussière. Les engreneurs des fortes batteuses feront bien de se préserver les organes respiratoires par une éponge ou une gaze (voile léger et fin). La plupart des engreneurs ont le tort de ne pas vouloir prendre cette précaution, qui n'est cependant pas superflue dans bien des batteuses.

L'engreneur chargé de soigner la machine devra boucher tous les trous à huile pour les préserver de la poussière.

LES INSTRUMENTS BREVETÉS SANS GARANTIE DU GOUVERNEMENT ET LES CONTREFAÇONS.

75. — Le ministère de l'agriculture et du commerce délivre des brevets d'invention à toutes les personnes qui en font la demande régulière, mais sans garantie de la réalité ou du mérite de l'invention.

Chaque brevet exige un payement de 100 francs par an au profit de l'État. La durée est de 5, 10 et 15 ans, au gré du demandeur; mais, comme il est facultatif de laisser tomber le brevet dans le domaine public, en ne payant pas les annuités, lesquelles sont *rigoureusement exigibles avant l'échéance*, tous les demandeurs prennent des brevets de 15 ans, sauf à les abandonner plus tard, s'ils reconnaissent que leur invention n'est pas lucrative ou qu'en réalité ils ont été devancés par un autre, ce qui, pour le cas, n'est plus une invention. Celui qui a la priorité peut attaquer le brevet postérieur et le faire déchoir avec dommages-intérêts; car il ne faut pas ignorer que, si le gouvernement délivre des brevets presque à qui veut en prendre, néanmoins les *tribunaux en protégent la propriété*, frappent rigoureusement le contrefacteur chaque fois qu'on lui démontre qu'il y a contrefaçon d'une invention brevetée.

Beaucoup d'agriculteurs peuvent me répondre : « Peu nous importe que l'instrument soit une contrefaçon; pourvu qu'il soit bon, c'est tout ce que nous demandons. »

Je leur dirai : « Oui, vous avez raison dans un sens; mais

faites-bien attention qu'il y a là un *grand danger; la loi est tout à l'avantage de l'inventeur*, et vous courez le risque, en achetant des objets contrefaits, de voir tôt ou tard saisir chez vous-mêmes des objets que vous auriez bien payés, sans compter les autres désagréments qui pourraient en suivre.

— Pourquoi donc une telle injustice? me répondra-t-on; nous ignorons les droits d'un inventeur, nous ignorons que c'était une contrefaçon, nous avons acheté de bonne foi, sans vouloir faire du tort à qui que ce soit. De quel droit viendrait-on saisir impunément chez nous ce que nous aurions fort bien payé? »

Ce raisonnement tout naturel paraît juste de prime abord, et il ne l'est cependant pas; il serait juste si on ne reconnaissait pas la propriété intellectuelle, si on méconnaissait les droits de priorité du véritable inventeur breveté.

76. — Mais nous ne sommes pas dans le siècle où on méconnaît la propriété intellectuelle.

Récemment, dans un discours relatif à la propriété littéraire, M. le ministre d'État, le comte Walewski, rappelait ceci :

Le prince Louis-Napoléon écrivait à M. Jobard de Bruxelles en 1844 : « *L'œuvre intellectuelle est une propriété comme une terre, comme une maison; elle doit jouir des mêmes droits et ne pouvoir être aliénée que pour cause d'utilité publique.* »

Voilà l'opinion émise depuis dix-huit ans par Sa Majesté l'Empereur.

On voit encore plus loin, en suivant ce discours de M. le ministre d'État, que des écrivains célèbres, ayant ou ayant eu les opinions politiques les plus diverses, s'accordent tous à reconnaître la propriété intellectuelle; tels sont : Diderot, Voltaire, l'avocat général Séguier, le comte Portalis, de Montalembert, Victor Hugo, Philippe de Ségur, de Lamartine, etc.

77. — L'invention d'une machine, d'un instrument nouveau, *renfermant quelque chose qui l'améliore, le caractérise et le distingue de tout ce qui a existé jusqu'alors*, est bien une invention qui a coûté à son auteur des efforts d'intelligence, du temps, des essais et parfois des déceptions; enfin des sacrifices de toute nature qui se résument ordinairement par de grands frais, par de l'argent enfin.

Eh bien, je demanderai maintenant aux agriculteurs qui méconnaîtraient la propriété de l'inventeur, si le contrefacteur d'un instrument nouveau et breveté, qui a coûté tant de peines et de sacrifices, n'est pas répréhensible? s'il n'a pas *volé* en copiant servilement une chose qui ne lui aurait coûté que la peine de prendre, comme le voleur prend en passant un objet qui ne lui appartient pas?

Mais, s'il en était autrement, si l'inventeur n'avait pas devant lui *l'espoir de recouvrer la juste rétribution de ses peines*, vous, agriculteurs, vous ne verriez plus d'instruments améliorés, il n'y aurait plus d'émulation, et tous les constructeurs resteraient dans l'apathie la plus abrutissante.

Vous comprenez donc, je l'espère, la nécessité des brevets d'invention, et par suite les droits bien légitimes du breveté.

78. — Puisqu'il est avéré que le contrefacteur est l'équivalent du voleur, pourquoi trouveriez-vous étrange que la justice vienne saisir chez vous des objets contrefaits et dont vous-même seriez les recéleurs sans vous en douter?

J'ai vu maintes fois des faits de ce genre. Je me bornerai à en citer un seul à l'appui.

MM. Vachon, fabricants de trieurs à Lyon, étaient possesseurs d'un brevet d'invention pour les trieurs à alvéole (les trieurs Vachon sont bien connus aujourd'hui, le brevet est livré au domaine public depuis 1855).

En 1851, MM. B... et B..., de S... s'étaient avisés de faire une imitation du trieur Vachon, toutefois en le modifiant.

MM. Vachon poursuivirent les contrefacteurs, et il s'ensuivit un long et dispendieux procès qui eut pour résultat la saisie de l'atelier des contrefacteurs et de leurs livres, qui donnèrent les adresses de tous les clients de B... et B... (ils en avaient au moins quarante). Ces clients virent tous enlever au nom de la loi leurs trieurs cylindriques en cuivre, qui pour la plupart leur avaient coûté 400 fr. pièce. Ils ne les ont jamais revus.

En matière d'invention, j'ai vu des procès gigantesques qui ont ruiné de grandes maisons industrielles au profit d'inventeurs qui avaient vu leurs produits contrefaits. Il y a donc beaucoup à se méfier des contrefaçons. En traitant avec l'inventeur même ou ses concessionnaires et représentants, il n'y a jamais rien à craindre.

Un inventeur peut fort bien tolérer ses contrefacteurs pendant les treize ou quatorze premières années de son brevet de quinze ans; puis, tout à coup, les attaquer tous. J'en ai vu plus de dix réaliser de grandes fortunes en fort peu de temps, en agissant de la sorte.

9

Lorsqu'on objecte à un contrefacteur que son instrument ressemble partiellement ou entièrement à celui de tel constructeur, inventeur, il répond ordinairement que ledit inventeur est breveté, mais sans garantie du gouvernement, ce qui veut dire, à l'entendre, que le brevet est insignifiant, ou il soutiendra que son instrument ne ressemble en rien à celui de l'inventeur, ou enfin que lui aussi est breveté, et qu'il ne craint rien.

Ce dernier cas est assez fréquent; on voit souvent même des contrefacteurs se dire inventeurs presque à la face du véritable inventeur.

Aussi n'est-il pas rare, par contre, de les voir succomber dans les procès.

79. — On pourra m'objecter, non sans raison, que *les agriculteurs ne sont pas assez compétents pour juger le mérite et la réalité d'une invention*, et que, par le fait, ils peuvent acquérir des objets brevetés en apparence et qui ne sont que de tristes contrefaçons.

Cette objection est précisément une raion pour que je conseille encore une fois de plus aux agriculteurs de s'adresser aux grandes maisons d'une réputation connue. Celles-là ne sauraient vivre de contrefaçons, car, le plus souvent, les contrefaçons ne sont pas de longue durée. Celui qui ne s'appuie pas sur des inventions sérieuses, estimées du public, ne peut vivre de son travail et peut bien moins créer un établissement important avec des éléments tirés d'une source frauduleuse.

Je ne dis pas que les grands fabricants seuls doivent travailler et prospérer; les petits fabricants qui commencent sont dignes d'intérêt, il suffira seulement de faire attention aux contrefaçons, à la bonne confection et à la réussite, avant de leur accorder la confiance [1].

80. — Il est une classe de fabricants contre lesquels il sera bon de se tenir en garde; ce sont ceux qui fabriquent des instruments très-ordinaires, ni brevetés ni brevetables, et *à trop bon marché*; ce qui oblige à les faire trop légers, trop *pacotille*.

Ce sont ceux qui font le plus grand nombre de victimes par suite de la tendance qu'a le public à se jeter sans réflexion sur le bon marché.

On parle beaucoup des instruments anglais; je ne disconviens pas que l'Angleterre ne possède de bons fabricants; mais mille fois aussi j'ai vu des instruments anglais qui ne méritent que le mot vulgaire : camelotte.

Paris aussi possède de bons fabricants; mais là, comme en province, et comme partout, même plus qu'ailleurs, il y a des fabricants de pacotilles.

J'ai vu au concours de Rouen, en 1861, des hache-paille, coupe - racines, concasseurs, etc., etc., qui n'avaient pour ainsi dire pas eu un seul coup de lime, pas un seul coup de tour aux pièces de fonte.

Enfin tout était brut (les parties qui sont ordinairement tournées et ajustées étaient fondues en coquille et placées telles), avec un joli petit coup de peinture imitation bronze. C'étaient en effet des objets superbes à l'œil de celui qui n'est pas connaisseur. Ils ne manquaient pas d'amateurs en raison de

---

[1] Pour ce cas, l'acquéreur devrait s'entourer des conseils d'un mécanicien compétent et désintéressé dans la question.

l'extrême bon marché. Mais aussi quels résultats! quelle durée! N'est-il pas juste de signaler à l'attention publique de pareils faits?

81. — Si les Anglais nous font concurrence sur certaines industries, ils ne peuvent lutter avec nous pour la construction des machines agricoles.

On aurait bien tort d'acheter en Angleterre pour obtenir à meilleur marché. Les principaux constructeurs français, qui ont aujourd'hui un outillage aussi complet qu'il est possible de l'avoir, peuvent livrer *à* 20 *pour* 100 *au-dessous .des prix anglais.*

Pourquoi irait-on chercher au loin ce qu'on a sous la main?

La plupart des constructeurs français garantissent la bonne confection de leurs produits ; ils peuvent accorder parfois un peu de temps pour payer ; on a facilement chez eux des pièces de rechange ; on a moins de chance d'accidents de route et moins de frais de port ; toutes choses que les Anglais ne peuvent faire.

Il n'y a donc aucune bonne raison à donner pour envoyer l'argent français en Angleterre.

82. — Il convient certainement de construire des instruments à bon marché, car souvent le fermier ne peut pas disposer de beaucoup d'argent, et il n'est pas toujours avantageux d'y employer de fortes sommes, surtout si les instruments ne sont pas appelés à procurer de véritables économies.

Les fabricants et les agriculteurs ne doivent pas rechercher un bon marché basé sur la mauvaise exécution ou sur une simplicité qui aurait pour cause *la suppression de choses utiles,* nécessaires même, pour obtenir des économies de manutention dans le service de la ferme.

Je termine en disant aux agriculteurs : « N'achetez pas du compliqué mal à propos ; recherchez le simple, le plus simple possible, solide par-dessus tout et pas cher, produisant à bon marché les plus grands résultats possibles. »

Toutes ces qualités se trouvent réunies dans les instruments qui sont bien conçus, qui n'ont pas des organes inutilement compliqués, qui n'ont que juste les organes nécessaires à produire le plus grand effet possible. Alors cette simplicité, trouvée dans la suppression d'organes inutiles, permet de livrer à bon marché. Il ne faut donc pas confondre ce bon marché-là avec celui qui a pour mobile la mauvaise exécution, autrement dit le camelottage.

FIN

TABLE DES MATIÈRES

TROISIÈME PARTIE

PARIS. — IMP. SIMON RAÇON ET COMP., RUE D'ERFURTH, 1.